품격있는

안전사회

품격있는 안전사회
❶ 자연재난 편

초판 1쇄 발행 | 2020년 7월 31일

저자 | 송창영
그림 | 문성준
펴낸이 | 최운형
펴낸곳 | 방재센터
등록 | 2013년 4월 10일 (제107-19-70264호)
주소 | 서울 영등포구 경인로 114가길 11-1 방재센터 5층
전화 | 070-7710-2358 팩스 | 02-780-4625
인쇄 | 미래피앤피
편집부 | 양병수 최은기
영업부 | 최은경 정미혜

ISBN 979-11-970706-1-7 04500
ISBN 979-11-970706-0-0 04500 (세트)

※ 책값은 뒤표지에 있습니다.

품격있는

안전사회

자연재난 편

저자 **송창영 교수**

방재센터

지구상에 인류가 생존하면서부터 인류는 많은 재난을 겪으며 살아왔습니다. 인류가 쌓아 놓은 부와 환경도 끊임없이 닥쳐오는 각종 재난과 전쟁 등으로 인하여 소멸되거나 멸실되었습니다. 인류는 이것들을 재건하거나 사전 대비를 위한 생활을 반복하였다 해도 과언은 아닙니다.

한번 재난이 닥치면 개인은 물론 집단, 지역사회, 나아가 국가까지도 큰 영향을 끼치게 됩니다. 특히 지진, 태풍, 해일, 폭염 등의 자연재해는 매년 반복되고 있습니다. 이를 극복하기 위한 노력과 학습으로 어느 정도의 적응력을 키우기는 하였지만 자연 앞에서 인간은 한없이 연약한 존재에 지나지 않습니다.

우리의 기술이나 문명 등이 부족했던 시대에는 그저 일방적으로 당하기만 하는 숙명적인 삶을 살아왔습니다. 하지만 고대 시대에 이르러 조직적이고 체계적인 국가 차원의 예방 조치가 취해졌고, 재난을 방지하기 위해 많은 노력을 기울였습니다. 중세 시대에 들어와서는 화재에 관한 법률들을 제정하였고 건축물의 배치나 자재 등 다양한 방법을 통해 재난에 대한 대비를 하였습니다. 이처럼 인류는 고대 시대 이전부터 재난을 겪어 왔고, 이는 인류의 문명에 커다란 영향을 끼쳤습니다.

그렇다면 우리가 살아가고 있는 현대사회는 어떨까요?

지금도 마찬가지로 인류는 일상 속에서 안전한 삶을 영유하기에는 너무나 다양한 재난에 노출되어 있습니다. 지구온난화나 세계 각지에서 발생하는 기상이변으로 인하여 집중호우, 쓰나미, 지진 등의 대규모 자연재난뿐만 아니라 폭발, 화재, 환경오염사고, 교통사고 등 다양한 사회재난이 지속적으로 발생하고 있습니다. 이와 같은 다양한 종류의 재난은 심각한 인명 피해와 함께 상상 이상의 사회적 손실을 초래하고 있으며, 이는 한 나라의 경제나 사회 분야에 영향을 줄 만큼 점점 거대화되고 있습니다.

과거 농경사회에서는 주로 자연재난으로 인한 피해를 입었다면, 현대 산업사회와 미래 첨단사회에서는 사회재난이나 복합재난, 그리고 신종재난 등으로 인한 피해로 점차 변화하고 있습니다.

'재난은 왜 지속적으로 반복되고 있는가?'

이 질문이 항상 머릿속을 맴돌고 있습니다. 안전한 생활은 인간이 건강하고 행복한 삶을 누리기 위한 가장 기본 요소입니다.

본서는 남녀노소 누구나 이러한 재난에 대응하기 위하여 *자연재난 편, 사회재난 편, 생활안전 편*으로 분류하였고 올바른 지식과 행동 요령을 익혀 우리의 생활 속에서 위험하고 위급한 상황에 처하게 되었을 때 어떻게 대처하고 행동하는가에 초점을 맞추었습니다.

1. 자연재난에 대해 남녀노소 누구나 쉽게 이해할 수 있도록 만화로 표현하였습니다.

2. 자연재난의 과학적 원리와 상황별 대처 요령, 그리고 관련 사례를 통해 재미있게 구성하였습니다.

3. 재난 전문가의 쉽고 자세한 설명과 다양한 정보로 가정은 물론 기업과 관공서의 교육 자료로도 활용이 가능합니다.

본서를 집필하는 과정에서 많은 도움을 준 여러 실무자 여러분께 진심 어린 감사를 표하며, 본 서적이 모든 국민들에게 도움을 주는 유익한 참고 자료가 되었으면 하는 바람입니다. 특히 정성을 쏟으며 이 만화를 그려 준 문성준 기획팀장과 (재)한국재난안전기술원 연구진과 함께 기쁨을 공유하고 싶습니다.

끝으로 부족한 아빠의 큰 기쁨이자 미래인 사랑하는 보민, 태호, 지호, 그리고 아내 최운형에게 조그마한 결실이지만 이 책으로 고마움을 전하고 싶습니다.

2020년 5월 (재)한국재난안전기술원 집무실에서 **송창영**

Contents ★ 차례

책 활용법

1. 생생한 자연재해를 만화로 느껴요!
다양한 재난 상황을 그린 만화를 읽으면서 자연재해를 생생하게 체험해요.

2. 실제 발생한 재난 뉴스를 읽어요!
실제로 일어난 자연재해를 뉴스 기사로 읽으면서 자연재해의 심각성을 깨달아요.

3. 재난 대처 요령을 익혀요!
상황별 대처 요령을 익히고, 위급한 상황이 닥칠 때 유용하게 써먹어요.

4. 재난 지식을 기억해요!
깊이 있는 지식을 다룬 재난 지식 노트를 읽으면서 자연재해에 대한 과학 지식을 총정리해요.

송 박사의
재난안전
특강

재난이란?

1999년 경기도 화성군 서신면 청소년 수련 시설인 씨랜드 청소년 수련원에서 원인을 알 수 없는 화재가 발생해 유치원생 19명과 인솔 교사 4명 등 23명이 숨지는 참사가 발생했습니다.
씨랜드 수련원은 콘크리트 1층 건물 위에 52개의 컨테이너를 객실로 만든 임시 건물로, 청소년 수련원으로 사용하기에는 부적합하고 여러 위험 요소를 안고 있는 구조물이었습니다.

조사 결과 음주 등으로 아이들을 방치한 인솔 교사와 보호 의무자들의 무책임이 빚은 대형 참사로 드러났습니다.

참사로 희생된 아이들 중에는 전 여자 필드하키 국가대표 김순덕 씨의 아들도 포함돼 있었습니다. 이 사건으로 당시 정부에 대한 신뢰를 잃은 김순덕 씨는 공로로 받은 체육훈장과 국민훈장을 반납하고 뉴질랜드로 이민을 가버렸습니다.

사랑하는 자녀와 가슴 아픈
이별을 해야 했던 너무나 슬픈 일이었죠.
이런 참사가 다시는 발생하지 않도록
진정성 있게 노력해 소 잃고 외양간을
확실하게 고쳐야 합니다.
하지만 여전히 부실한
안전관리 시스템과 안이한 안전 의식에 따른
안전불감증으로 대형 참사가 일어나고 있고,
이에 따라 국민의 안전마저 크게
위협받고 있습니다.

국민 안전이라는
말이 뭘까요? 국민에게 위험이
발생하거나 사고가 날 염려가 없는
안전한 상태를 말합니다.
다시 말해서 자연재난,
사회재난 그리고 신체적 · 물질적인
모든 위험으로부터 염려가 없는 상태를
말하는 거죠.

국가별, 시대별 및
사회적 배경에 따라 많은 의미가
혼용돼 왔고, 각 견해에 따라
분류가 다양하게 발전했기
때문입니다.

우리나라 헌법에는 국민 안전에
대한 국가의 의무에 대해 다음과
같이 규정하고 있습니다.

대한민국 헌법 제34조 6항

“국가는 재해를 예방하고 그 위험으로부터 국민을 보호하기 위하여 노력하여야 한다.”

보시는 것처럼 국가가 재해로부터
국민의 생명과 재산을 보호하도록
헌법에 명시돼 있습니다.

국내법에서 다루고 있는 재난은
「재난 및 안전관리 기본법」에서 국민의
생명 · 신체 · 재산과 국가에 피해를 주거나
줄 수 있는 것으로 정의되며,

이는 자연재난과
사회재난으로 구분됩니다. 그리고
「자연재해대책법」에서 재해는 태풍 · 홍수
등 자연재난으로부터 입은 피해를
의미하고 있습니다.

쿠구구구

첫 번째 자연재난은 태풍 · 홍수 · 호우 · 강풍 · 풍랑 · 해일 · 대설 · 낙뢰 · 가뭄 · 지진 · 황사 · 적조 그 밖에 이에 준하는 자연 현상으로 인해 발생하는 재해입니다.

인위적인 힘으로 완전히 근절시키는 것이 불가능하다는 특성이 있지만 대비 시설 구축, 사전 예측 활동에 의한 예방 및 복구 대책 수립을 통해 피해를 최소화할 수 있습니다.

두 번째 사회재난은 화재 · 붕괴 · 폭발 · 교통사고 · 화생방 사고 · 환경오염 사고 등을 말합니다. 사회재난은 그 형태와 양상이 다양하고, 발생 빈도는 점점 증가하고 있습니다.
개인정보 유출
대피소
BANK
또한 에너지 · 통신 · 교통 · 금융 · 의료 · 수도 등 국가기반체계의 마비, 감염병 등으로 인한 재난은 정치 · 종교 · 이념 등 개인이나 집단의 목적을 달성하기 위해 인간의 생명과 재산을 위협하거나 사회 질서를 파괴하는 행위 등으로써 의도적이거나 고의적인 특징이 있습니다.

재난은 한번 닥치면 개인은 물론 집단, 지역사회, 나아가 국가에도 큰 영향을 끼치게 됩니다.

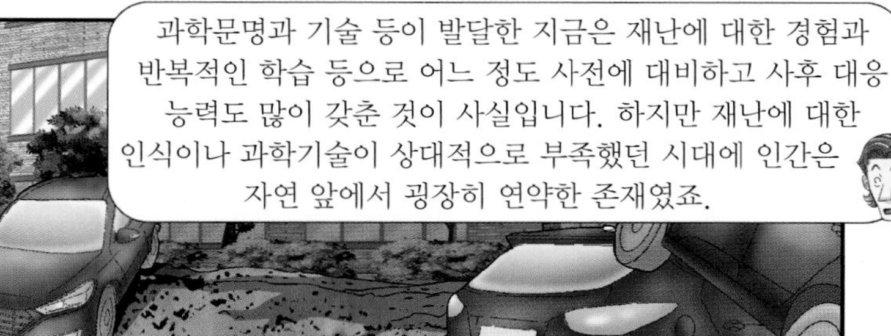
과학문명과 기술 등이 발달한 지금은 재난에 대한 경험과 반복적인 학습 등으로 어느 정도 사전에 대비하고 사후 대응 능력도 많이 갖춘 것이 사실입니다. 하지만 재난에 대한 인식이나 과학기술이 상대적으로 부족했던 시대에 인간은 자연 앞에서 굉장히 연약한 존재였죠.

노아의 방주 (창세기)

아우구스투스

네로

중세 시대에는 화재에 대한 법률들이 제정되기 시작했습니다.

중세시대 성(castle)에서도 화재는 가장 큰 재난 중 하나였고 이를 위한 대책을 많이 준비했습니다. 화재 방지와 방화 척결에 대한 규정들이 생겼고 이를 위반할 경우 엄격하게 처벌했습니다.

1405년 베른의 화재

건물의 지붕에 기와나 슬레이트를 올려 화재가 도시 전체로 번지는 것을 예방하기도 했죠.

화재가 방생할 가능성이 높은 대장간, 가마터, 주물소, 빵집, 목욕탕 등은 성 외곽에 위치하도록 했으며, 불이 번지는 것을 막기 위한 별도의 장치가 없는 화로나 난로는 단속 대상이었습니다.

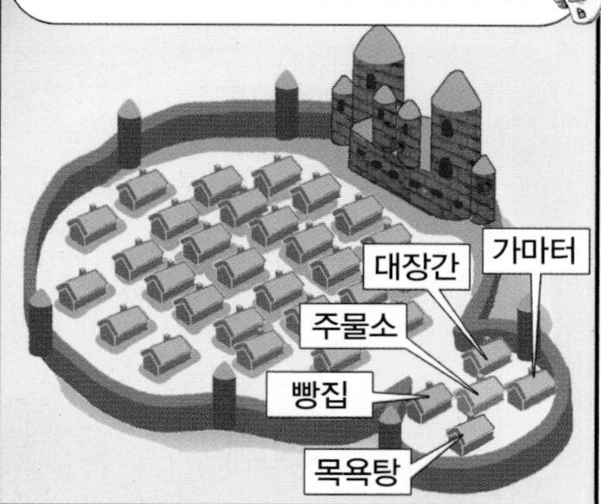

감염병도 공포의 대상이었습니다. 14세기 중세 유럽의 가장 대표적인 재난인 흑사병은 당시 유럽 인구의 $\frac{1}{3}$ 정도인 2,500만 명의 목숨을 앗아간 사례입니다. 최초의 흑사병이 확산된 이후 18세기에 이르기까지 약 100여 차례 흑사병이 발생해 전 유럽을 휩쓸었습니다. 이러한 재난 앞에 중세 인류의 대응은 너무나 무기력했습니다.

유럽 인구의 $\frac{1}{3}$이 사망한 흑사병

중세의 도시는 화재나 감염병으로 인한 피해가 극심하긴 했지만 르네상스 시대라고 불리며 문화예술과 항해술이 발전한 시기이기도 했습니다.

하지만 항해 중 다양한 종류의 재난이 발생할 수 있고 만약 선원들이 사고를 당할 경우 남겨진 가족들의 생계뿐만 아니라 교역이 잘못됐을 때의 사업적 손실에 대한 대비가 필요했습니다.

이러한 재난에 대비하기 위해 해상 무역 종사자들끼리 사고 후 보상 처리에 대한 방안을 논의했고, 그 결과 오늘날 보험 제도의 기원이라고 할 수 있는 형태가 만들어졌습니다.

어느 정도 문명이 발달한 근대 사회에는 대지진, 홍수, 대화재 등 수많은 재난을 경험한 뒤 재난을 극복하기 위한 노력을 기울이기 시작했습니다. 1755년 11월 발생한 포르투갈 리스본 대지진 때는 도둑질 등을 막기 위해 약탈자에 대해 엄벌했고, 주간지(신문) 등을 통해 정확한 정보를 전달해 주려고 노력했습니다.

리스본 대지진

무엇보다 18세기에 이르러 재난과 관련된 과학적인 연구가 시작됐습니다. 특히 리스본 대지진은 지진에 관한 과학적 조사가 활발히 진행되는 계기가 됐고, 재난에 대한 근본적인 대응 의지를 보여 줬습니다.

이제 우리나라 재난 관리의 역사에 대해 알아볼까요?

우리나라 역사에 나타난 최초의 국가 위기경보 체계는 변고가 생기거나 적이 침범해 오면 저절로 울렸다는 낙랑국 자명고를 들 수 있습니다.

고대에는 천재지변을 왕과 관련한 정치적 의미로 받아들이는 경우가 많았고 국가에서 재난 관리를 위해 만든 특별한 조직은 없었습니다.

조선 선조 시대 율곡 이이는
당시 일본의 도요토미 히데요시가 자국을 통일하고
남은 강력한 무력을 해외로 돌려 침략을 감행할 것을
미리 예상하고 일본의 침략에 대비해 십만 양병과
군사훈련이 필요하다고 주장했습니다.

養兵十萬論	양병십만론
國勢之不振極矣	국세지부진극의
不出十年當有土崩之禍	불출십년당유토붕지화
願豫養十萬兵	원예양십만병
都城二萬	도성이만
各道一萬	각도일만
復戸鍊才	복호연재
使之分六朔遞守都城	사지분육삭체수도성
而聞變則合十萬把守	이문변즉합십만파수
以爲緩急之備	이위완급지비
否則一朝變起	부즉일조변기
不免驅市民而戰	불면구시민이전
大事去矣	대사거의

십만 양병론

나라의 기운이 부진함이 극에 달했습니다.
10년이 못 가서 땅이 무너지는 화가 있을 것입니다.
원하옵건대 미리 10만의 군사를 길러서
도성에 2만, 각 도에 1만을 두되,
그들의 세금을 덜어 주고 무예를 훈련시키며
6개월로 나누어 교대로 도성을 지키게 하였다가,
변란이 있을 경우에는 10만 명을 합쳐
지킴으로써 위급한 때의 방비를 삼으소서.
이와 같이 하지 아니하고 하루아침에 갑자기
변이 일어날 경우,
백성들을 내몰아 싸우게 하는 일을 면치 못하여
전쟁에 지고 말 것입니다.

십만 양병론은 선조와 대신들의 반대로
뜻을 이루지 못했고 결국 임진왜란이라는
큰 재난을 겪었습니다.

재난의 발생 가능성이 확실하지 않은
상황에서 비용을 지불하는 것이 부담스러울
수 있지만, 임진왜란의 사례에서 알 수
있듯이 실제로 재난이 발생한 이후의 피해를
생각한다면 비용이 얼마가 들어가더라도 재난
대비는 필수적이라고 볼 수 있습니다.

조선 정조 시대 다산 정약용은 〈목민심서〉 11장 진황육조를 통해 목민관은 언제든지 재난이 발생할 수 있다는 생각을 하고 미리 대비하라고 하고 있습니다.

진황육조(賑荒六條)

1. 비자(備資) : 흉년 대비 물자 비축
2. 권분(勸分) : 재해 의연의 권장
3. 규모(規模) : 사랑의 정 발휘
4. 설시(設施) : 구호시설 확충
5. 보력(補力) : 힘을 보탬
6. 준사(竣事) : 재민 구호의 결산

"재난을 미리 짐작하고 이를 예방하는 것이 재난을 당한 뒤 은혜를 베푸는 것보다 훨씬 낫다."

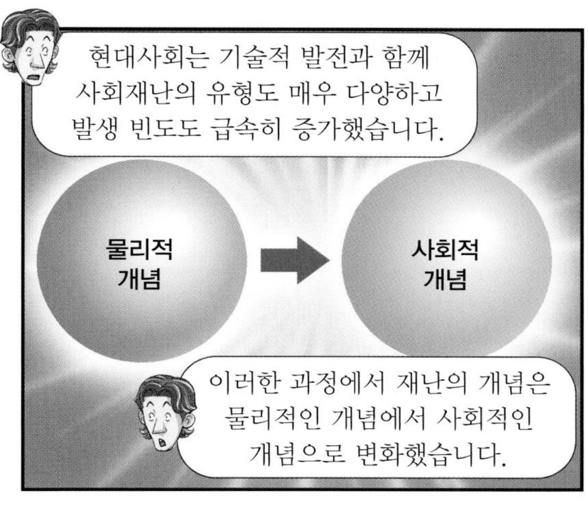

자, 그럼 현대 재난의 특성은 어떤 것들이 있는지 살펴보겠습니다.

그림과 같이 현대에는 자연재난의 발생 빈도가 증가했고 재난의 대형화 및 복합재난이 증가했습니다.

자연재난 발생 빈도 증가
20세기 중반 이후 태풍, 폭설, 지진 등의 발생 빈도가 급격히 증가

- 집중호우 일수: [1990년대] 18일/년 → [2000년대] 38일/년
- 지진 발생 횟수: [1990년대] 26회/년 → [2015년] 44회/년

※ 2013년은 후쿠시마 지진의 영향으로 지진 발생 빈도가 높았음.

재난의 대형화
규모의 대형화 + 피해의 대형화

- 동일본 대지진(2011년) : 규모 9.0 이상, 사망 · 실종 2만 여 명
- 미국 동북부 폭설(2014년) : 스노마겟돈(Snow+Armageddon)

복합재난 증가
자연재난인지 인적재난인지 구별이 어려운 재난 발생 증가

- 후쿠시마 원전사고(2011년)
  : 지진, 쓰나미(자연재난) + 방사능 누출(사회재난)
- 경주 마우나리조트 붕괴사고(2014년)
  : 폭설(자연재난) + 부실공사, 관리 소홀(사회재난)

그 이유는 바로 기후변화와 도시화 및 산업화 때문입니다.

사회 환경 변화에 따른 위험 요인 증가

1. 도시화 및 산업화로 인한 사회 시스템의 변화

급속도로 발전한 도시화와 인구의 도시 집중 그리고 고령화 사회 진입으로 생활 안전 수요 증대.

2. 재난 취약 요인 증가 및 사고의 대형화 추세

도시의 고밀도, 초고층화, 전기 · 가스 등 사회기반시설 밀집으로 재난 발생 시 복합재난으로 발전, 피해 규모도 대형화.

3. 사회 환경 변화에 따른 새로운 유형의 신종 재난 발생

- 사이버 테러, 개인정보 불법 유출, 테러 · 납치 등 새로운 유형의 재난 발생.
- 기술 발달에 따른 예기치 못한 위험 요소 증가로 인한 사회적 불안 심리 증가.

사회 환경 변화에 따른 사회재난

안보 환경

- 북한체제의 불안정성 심화.
- 남북 간 대치 국면 심화.
- 한반도 주위의 국가 간 갈등 발생.

국가 기반

- 국내외에서의 공공 · 민간 분야 사이버 공격, 테러 등 침해 행위 증가.
- 공공 · 민간 분야 전산 업무 시스템, 재난 · 오류 등으로 업무 · 서비스 마비 등 비상사태 발생 가능성.
- 전력 수요 증가에 따른 공급과의 불균형과 수급 불안 지속.

테러

- 우리나라 국민의 해외여행, 해외 진출 증가에 따른 해외 테러 위험의 증대.
- 북한 탈북자(새터민)에 대한 암살 테러 시도.
- 국내 체류 외국 근로자의 반한감정으로 인한 외국 테러 집단과의 연계 가능성.

보건 환경

- 전 세계적으로 신종플루, 조류독감 등 인수공통 감염병의 지속적인 발병과 피해 발생.
- 유럽, 신종 슈퍼 박테리아 감염 사망자 발생.
- 생명과 건강을 위협하는 감염병의 지속, 신규 발병.
- 불량 식 · 의약품 유통 및 이로 인한 사고로 불안감 확산.

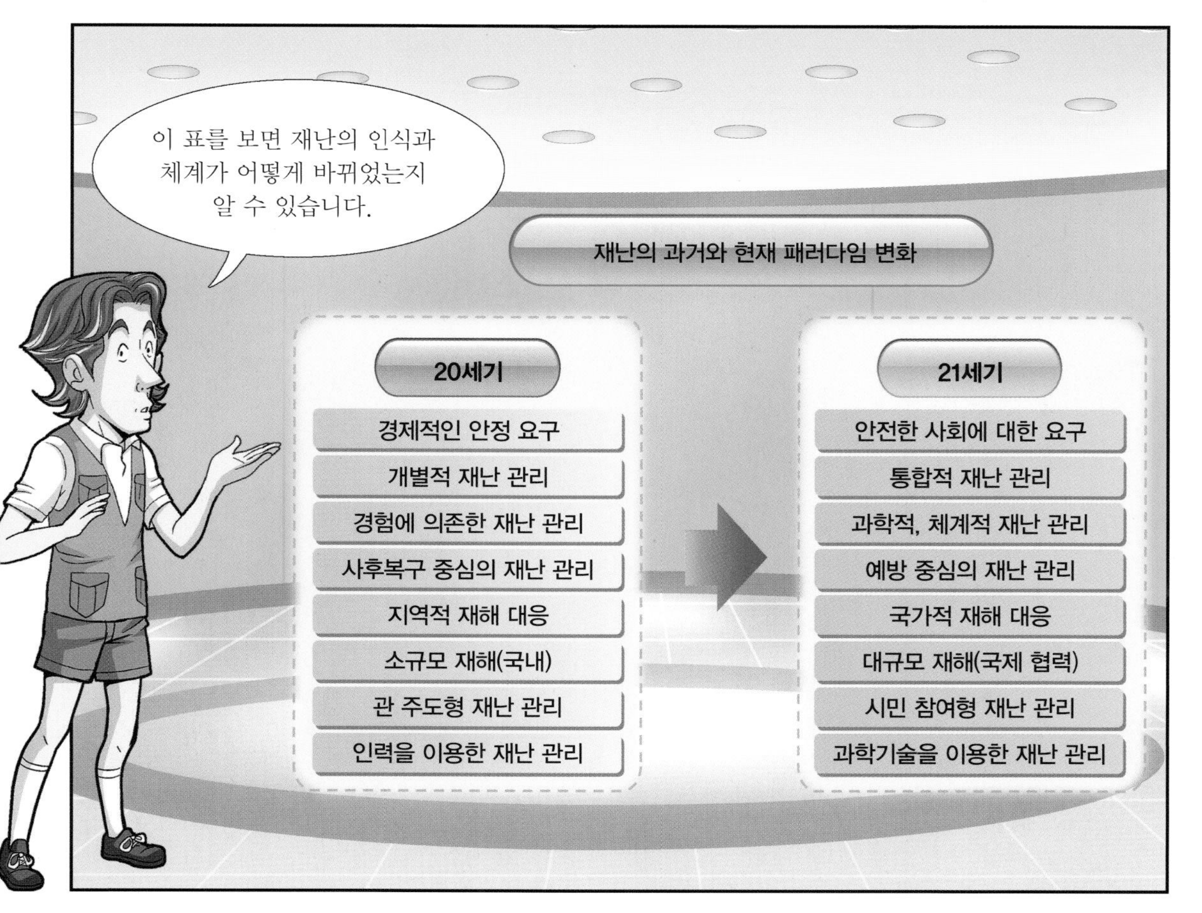

재난의 과거와 현재 패러다임 변화

20세기	21세기
경제적인 안정 요구	안전한 사회에 대한 요구
개별적 재난 관리	통합적 재난 관리
경험에 의존한 재난 관리	과학적, 체계적 재난 관리
사후복구 중심의 재난 관리	예방 중심의 재난 관리
지역적 재해 대응	국가적 재해 대응
소규모 재해(국내)	대규모 재해(국제 협력)
관 주도형 재난 관리	시민 참여형 재난 관리
인력을 이용한 재난 관리	과학기술을 이용한 재난 관리

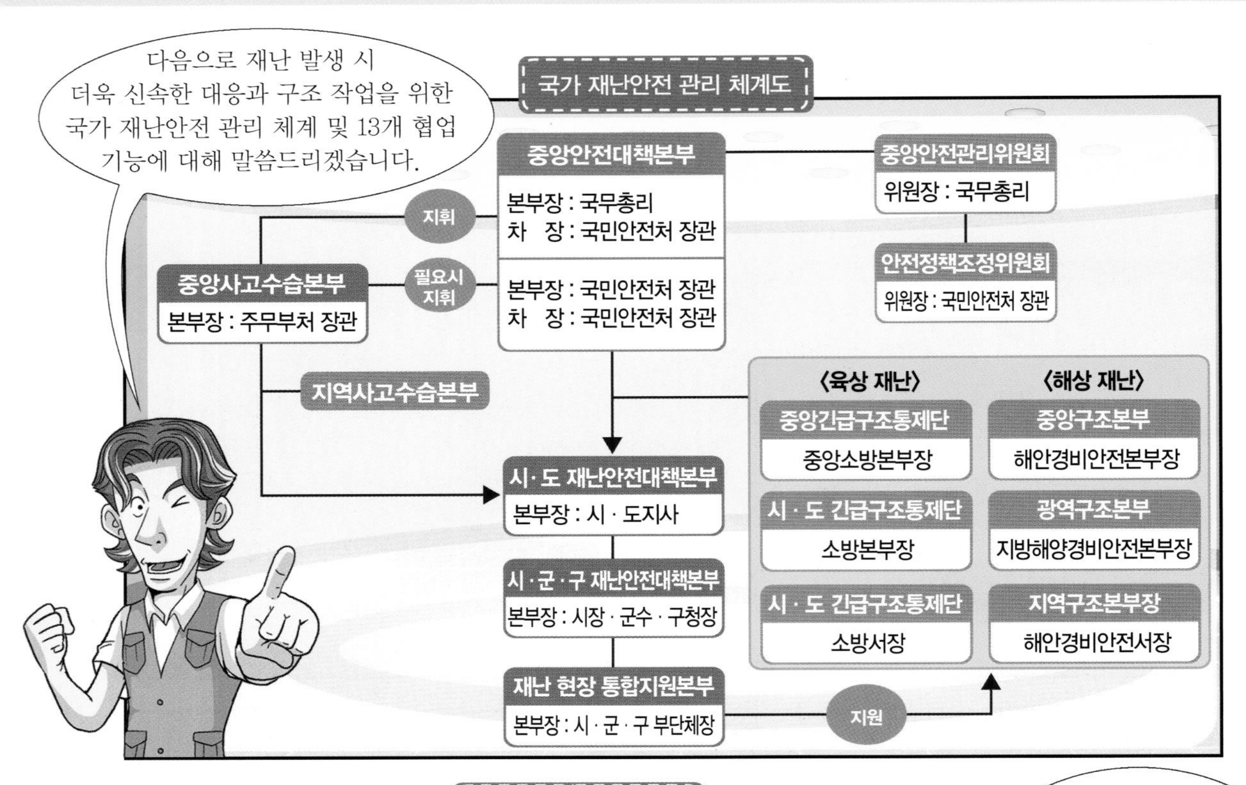

13개 협업 기능

긴급 생활안정지원 기능

재난 상황 관리 기능

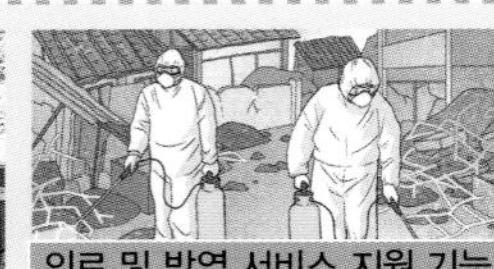
의료 및 방역 서비스 지원 기능

시설 피해와 응급 복구 기능

재난 관리 자원 지원 기능

에너지 공급 피해 시설 복구 기능

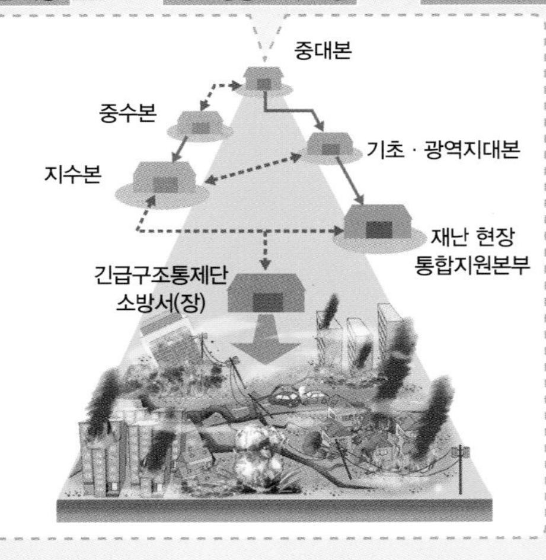

재난 지역 수색, 구조, 구급 지원 기능

자원봉사 지원 및 관리 기능

재난 수습 홍보 기능

긴급 통신 지원 기능

교통 대책 기능

사회 질서 유지 기능

재난 현장 환경 정비 기능

재난은 예고 없이 찾아옵니다.
미리 대비하고 준비하지 않는다면 국가와 국민은 물론이고 기업에 큰 피해를 입힙니다.
오늘날의 기업은 세계 여러 나라에 공장을 세워 제품을 생산하고 판매하고 있습니다.
하지만 재난으로 인해 이런 외국 기업들이 타격을 받는다면 국제적으로 큰 피해를 입게 됩니다.
2011년 7월 말 태국 방콕에서 시작된 홍수가 장기화되면서 발생한 피해가 대표적입니다.
당시 태국은 수도 방콕은 물론 전 국토의 절반이 물에 잠기는 대재앙을 겪었습니다. 사망자만 800여 명이 넘었고 산업시설 등이 폐허가 돼 피해액만 50조 원에 달했습니다.

HONDA
IT기기 생산라인의 피해로 하드디스크 가격이 거의 갑절로 뛰었고, 일본 자동차 공장도 침수돼 생산에 큰 타격을 입었습니다.
50년 만의 기록적인 호우라고 하지만 조금만 더 대비하고 신경을 썼다면 피해를 줄일 수 있었을 것입니다.

모건 스탠리가 이처럼 믿기지 않는 기적을 이뤘던 비결이 바로 BCM이었습니다. 본사가 무너지고 먼지로 변해도 하루 만에 업무를 정상으로 회복시켰고 오늘날의 모든 기업에 잊을 수 없는 교훈으로 남았습니다.

Morgan Stanley

BCM
(Business Continuity Management)
업무연속성경영

재난에 대비하고 또 대응하기 위해
많은 제도와 훌륭한 시설, 그리고
수많은 인력이 투입되고 있습니다.
하지만 우리 개개인이
정해진 규칙을 지키지 않는다면 무슨
쓸모가 있겠습니까?

안전한 생활은
인간이 건강하고 행복한 삶을
누리기 위한 가장 기본적인
요소입니다.
그래서 재난안전은 무엇보다
선제적인 복지가 우선돼야 하고
미리 준비하고 대비해야 큰
피해를 줄일 수 있습니다.

재난안전교육도
한 번에 끝내지 않고 요람에서
무덤까지 계속해서 꾸준히 받아야
할 중요한 교육이라고
생각합니다.
안전한 삶을 누리기 위한 문화가
확산된다면 우리는 안전한 사회로서의
품격을 이루게 될 것입니다.

1 지진

일본, 나고야.

(재)한국재난안전기술원 워크샵

재난안전의 미래

자, 이걸로 오전 일정은 마무리하겠습니다. 점심식사 하시고 1시 30분부터 오후 일정을 시작하겠습니다.

어! 음식 재료가 다 어디 갔지?
공항에 두고 온 거 아냐?

으앙~ 어떡해! 그랬나 봐!
걱정하지 마세요. 제가 연구원들과 마트에 다녀올 테니 필요한 거 적어 주세요.

꺄~ 역시 박사님이 최고야!

박사님, 잘 다녀오세요!
빨리 갔다 올게요.

어! 방금 땅 흔들리는 거 못 느꼈어?
못 느꼈는데.

두
두
두

To To Mart

당근 10개, 감자 7개….

그럼 계산하고 빨리 돌아갑시다.
박사님 이 정도면 다 된 것 같은데요.
모두 배고플 테니까요.

휙-
툭
툭

흔들
흔들
어!
흔들

박사님! 이, 이건….
지진 전조 증상이에요. 모두 침착해요!

구
구
마트 안에 있는 사람들을
빨리 대피…. 어어!
구
구
박사님, 본진이
발생하나 봐요!
파
파
팍

어서 사람들을 대피시킵시다. 이 정도 진동이면
이 조립식 건물은 얼마 못 버틸 겁니다.
네!
파
파
팍
툭
툭
툭

진동이 줄어들었어요.
어서 밖으로 대피하세요!
후다다닥
꺄악!
진동이
줄어들었을 때 빨리
나가야 해요.
조금만 힘내세요.
으~
시간이 없어요.
어서 밖으로
나가세요!

할머니, 빨리 오세요!
알았다….
쿠르르

으악!
콰르르
꺄악!
사람 살려!

아니!
꼬마야, 위험해!
콰앙
츄악

사토루, 괜찮니?
네, 할머니.
괜찮아요!

정말 고맙습니다.
뭐라고 감사의 말씀을
드려야 할지….

괜찮습니다.
시간이 없어요.
빨리 여기를
빠져나가셔야 합니다.

지진의 시간적 진행

큰 규모의 지진이 일어나기 전 일어나는 작은 규모의 지진

진원 부근에서 여러 차례의 전진에 이어 발생하는 대규모의 지진

본진보다 규모가 작고, 본진 발생 뒤 수일~수년에 걸쳐 발생하는 지진

타
다
어서 달려!
다
닥
저기 학교가 있구나!
여러분, 저 학교 운동장으로 빨리 대피하세요.
웅성
웅성

저길 봐. 굴뚝이 무너지고 있어!
우르르르

흐흑, 여긴 정말 지옥과 같아!

마트 건물이 무너지고 있어요! 빨리 움직이세요!
와르르르
할머니, 조금만 참으세요.
쿠웅
다다다닥

조심해!
앞에 있는 건물이
무너지고 있어!
쿠르르르
콰앙
모두 피해!
뭉게
시간이 없어요.
빨리 출발합시다.
뭉게
휘이이잉
살아서 한국에
돌아갈 수 있을까?
아니, 살아서 꼭 돌아가야 해!
날 기다리는 사랑하는 가족을
위해서라도!

박사님, 다행이네요.
이제 여진도 끝난 것 같습니다.
이제 좀 쉬시죠.
아니, 아직 끝나지
않았습니다.
휘이이잉
저 건물 속에 분명
생존자가 있을 겁니다.
어두워지기 전에 한
명이라도 찾아내야 합니다.
네, 박사님!

박사님,
이쪽에는 사람이
없는 것 같은데요.
스윽
그럼 저쪽으로
가 봅시다.

응? 이게 무슨 소리지?
멍
멍
멍

박사님, 여기서
강아지 소리가 납니다!
척

그럼 어서
구합시다.

스윽
끙, 이것만 치우면….
아니!
음….
여자아이입니다.
아직 살아 있어요!

이제 괜찮아.
저 강아지 덕분에 널 구할 수 있었어.
고마워, 미토!

앗!
휙
미토, 이리 와!

아저씨, 우리 미토 좀 찾아주세요. 미토 없이는 저도 안 갈래요.

걱정하지 마. 이 아저씨가 데려올게.
척-
박사님, 조심하세요.

스윽

미토야, 어디 있니?
저벅
저벅

아, 여기 있구나!

예감이 안 좋아.
두두둑
언제 무너질지 모르겠어.
빨리 가야겠다.
탁 타닥
촤아악

슈우욱
으아악!!

벌떡
으아악!!
후유~
꿈이었구나….
헉
헉
헉

박사님, 괜찮으세요?
타다닥

스윽
네, 괜찮습니다.
악몽을 꿨나 봐요.

여기 물 한 잔 드세요.
고맙습니다.
척

꿈이라서 다행이지만,
정말 생생했어.

재난뉴스

2010년 1월 12일

아이티에서 강한 지진 발생

중미 카리브해의 섬나라 아이티에서 2010년 1월 12일 오후 4시 53분경(한국 시각 13일 오전 6시 53분) 규모 7.0의 강진이 발생했다.

200만 명이 사는 아이티의 수도 포르토프랭스 남서쪽 15 ㎞ 지점이 진앙이었다. 이 지진으로 대통령궁, 의회, 주요 정부청사 등 정부기관과 유엔 평화유지군 건물이 무너지고 병원, 호텔, 아파트 등이 무더기로 쓰러지고 갈라졌다.

심지어 포르토프랭스의 교도소가 무너져 4,000여 명에 이르는 수감자가 탈출하기도 했다.

이 지진으로 피해를 입은 인구는 아이티 전체 인구의 $\frac{1}{3}$인 300만 여 명에 이른 것으로 추산됐고, 사망자는 30만 명에 달했다.

건축물도 많이 망가졌다. 이는 지진에 미처 대비하지 못한 건축법규의 결과로, *내진 성능이 부족한 건물들이 대다수를 차지했기 때문이다.

무엇보다 포르토프랭스와 근처 도시의 병원들이 95 % 이상 파괴돼 의료 기반 시설이 턱없이 부족했다.

더욱 충격적인 건 전염병 예방을 위해 시체들을 교외로 옮긴 뒤 땅을 파서 그대로 묻어버렸다는 사실.

아이티 지진은 남쪽 카리브 판과 북쪽 북아메리카 판 사이에 자리한 '엔리키요 플랜틴 가든 단층' 지대에서 두 지각이 충돌하면서 발생했다. 이 지진은 2000년대 이후 가장 많은 인명 피해가 발생한 지진으로 기록됐다.

/ 재난뉴스 기자

*내진 지진을 견디어 냄.

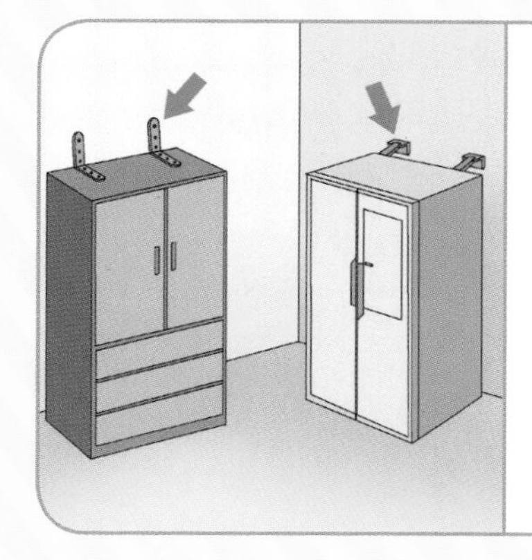

지진 대비책 ❶

- □ 냉장고나 장롱 등 큰 가구는 넘어지지 않도록 미리 고정해 놓는다.
- □ 찬장 등의 문을 고정기구로 고정해 물건이 쏟아지는 것을 막는다.
- □ 투명 필름 등을 이용해 창문의 유리가 깨졌을 때 흩어지는 것을 막는다.
- □ 평소 실내용 슬리퍼를 준비해 유리 등이 깨졌을 때를 대비한다.
- □ 높은 곳에 있는 물건을 정리해 물건이 떨어질 경우를 대비한다.

지진 대비책 ❷

- □ 잠을 잘 때 머리를 두는 위치에 무겁거나 깨지기 쉬운 물건이 있으면 미리 제거한다.
- □ 열기구 등은 각별히 주의해 안전한 장소에 보관하고 관리한다.
- □ 소방기구는 불을 사용하는 장소 주위나 비상시 신속하게 사용할 수 있는 장소에 놓는다.
- □ 생필품인 비상식량, 식수, 응급약품, 손전등 등을 미리 준비한다.
- □ 비상시 대처 방법과 대피 장소, 대피로를 알아두고 가족이나 이웃 등의 비상연락망을 만들어 놓는다.

지진 발생 때 집에서

- □ 책상이나 테이블 아래로 몸을 피하고 테이블 등이 없을 때는 방석 등을 이용해 머리를 보호한다.
- □ 장롱 등 큰 가구가 넘어질 수 있으니 가까이 가지 않는다.
- □ 지진 발생 시 소방차의 출동이 어려우므로 화재가 발생하면 가족 및 이웃과 협력해 적극적으로 화재를 진압한다.
- □ 유리창이나 간판이 지진에 의해 떨어질 수 있으니 무작정 밖으로 대피하는 것은 위험하다.
- □ 출입문이 변형돼 안 열릴 수 있으니 빨리 출구를 확보한다.

지진 발생 때 **길에서**

- ☐ 담장이 무너지면서 깔릴 수 있으니 가까이 가지 않는다.
- ☐ 자판기 등 고정돼 있지 않은 대형 물건에 가까이 가지 않는다.
- ☐ 번화가에서는 대형 건물의 유리창 파편이나 간판이 떨어질 수 있으니 신속히 대피한다.
- ☐ 가방 등으로 머리를 보호하며 대피한다.

지진 발생 때 **대형 건축물 · 승강기에서**

- ☐ 침착하게 안내자의 지시에 따라 대피한다.
- ☐ 화재가 발생하면 자세를 낮추고 신속히 대피한다.
- ☐ 승강기는 사용하지 않는다.
- ☐ 승강기 탑승 중 지진이 발생하면 가장 먼저 평정심을 유지한다.
- ☐ 현재 위치에서 가장 가까운 층에 내려 신속하게 대피한다.
- ☐ 승강기에 갇혔을 때는 인터폰으로 구조를 요청한다.

지진 발생 때 **전철에서**

- ☐ 손잡이나 기둥을 잡아 넘어지거나 고꾸라지는 것을 막는다.
- ☐ 선반 위의 물건이 떨어지는 것에 주의해 몸을 보호한다.
- ☐ 섣불리 행동하지 말고 안내방송에 따라 침착하게 행동한다.
- ☐ 출구로 무작정 나가면 위험할 수 있으니 안내에 따라 대피한다.

지진 발생 때 **운전 중에**

- ☐ 운전이 불가능하므로 교차로를 피해 길 오른쪽에 차를 세운다.
- ☐ 긴급 차량이나 대피자들이 통행할 수 있도록 도로 중앙에는 차를 세우지 않는다.
- ☐ 자동차의 라디오 등을 들으며 안내방송에 따라 행동한다.
- ☐ 대피 시에는 차키를 꽂아 두고 문을 잠그지 말고 신속히 대피한다.

지진 발생 때 산과 해안가에서

- ☐ 안전한 장소로 신속히 대피해 산사태나 절개지 붕괴에 의한 피해를 방지한다.
- ☐ 낙석 등의 위험이 있으므로 머리를 보호하며 신속히 대피한다.
- ☐ 지진해일이 발생할 수 있으므로 라디오나 안내방송에 집중한다.
- ☐ 지진해일 특보가 발령되면 신속하게 안전한 장소로 대피한다.

지진 발생 때 부상자가 생기면

- ☐ 지진이 발생하면 구조대나 의료기관도 평소처럼 활동하지 못한다는 것을 인지한다.
- ☐ 부상자의 위치가 안전한 장소라면 이송을 삼가고 응급처치 한다.
- ☐ 부상자의 위치가 안전하지 못하다면 부상자를 비교적 안전한 장소로 이송하고 사전에 익혀둔 응급처치를 침착하게 실시한다.

지진이 멈춘 뒤 ❶

- ☐ 지진에 의해 약해진 건물은 여진에 취약할 수 있으므로 긴장을 늦추지 말고 여진에 대비한다.
- ☐ 정전이 됐다면 손전등을 사용하고, 가스가 누출됐을 수 있으니 라이터 등은 사용하지 않는다.
- ☐ 유리파편 등 잔해물의 위험이 있으므로 반드시 신발을 신는다.
- ☐ 안전 점검을 받은 후 건물 안으로 들어간다.

지진이 멈춘 뒤 ❷

- ☐ 가스 냄새나 가스 새는 소리가 나면 창문과 밸브를 잠그고 대피한 후 안전 점검을 받은 다음에 사용한다.
- ☐ 수도관이나 하수관 등의 피해 여부를 확인한 후 사용한다.
- ☐ 외출은 가급적 하지 않고, 반드시 나가야 할 경우에는 각종 위험에 주의한다.
- ☐ 피해 지역을 구경하거나 접근하지 않는다.

재난지식 노트

지진이 무엇인지,
지진의 요소에 어떤 것이
있는지 기억해요!

지진이란?

꼭 기억하자!

지구 내부에 지각 변동이 발생하면 그 충격으로 생긴 에너지가 순간적으로 방출되면서 그 에너지의 일부가 지진파의 형태로 사방으로 전파돼 지표면까지 도달, 지반이 흔들리는 현상.

꼭 기억하자!

지진이 발생한 시각인 진원시, 지진의 위치에 해당하는 진앙, 진원깊이 그리고 지진의 크기인 규모가 지진 요소이다.

(1) 진원과 진앙

진원 지진이 발생할 때 지반의 파괴가 시작된 위치로 지진파가 발생한 지점.

진앙 진원의 바로 위 지표면의 지점.

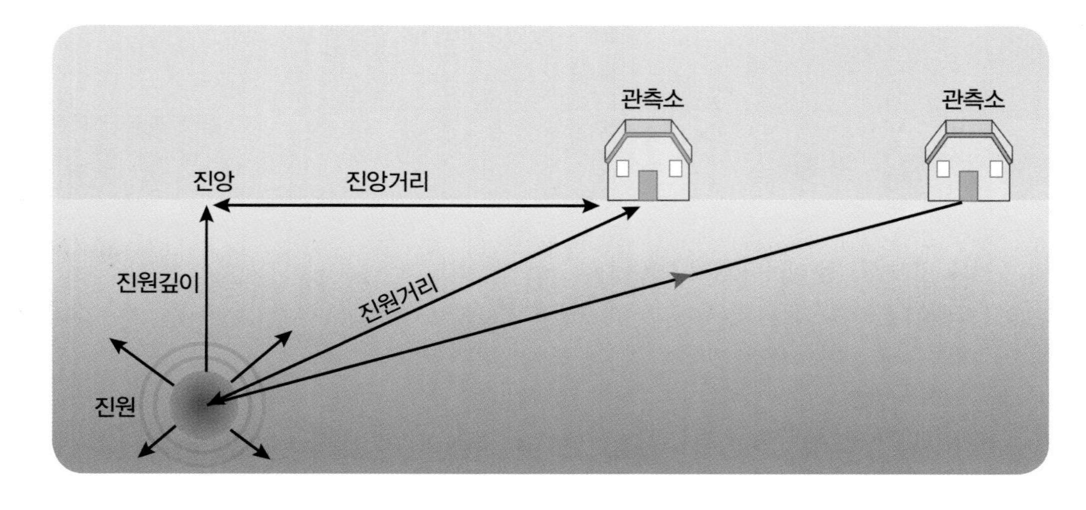

(2) 지진의 규모와 진도

규모 지진으로 방출되는 에너지를 지진계로 측정한 크기.

진도 지진 피해 정도를 미리 정해 놓고 등급으로 나타낸 것.

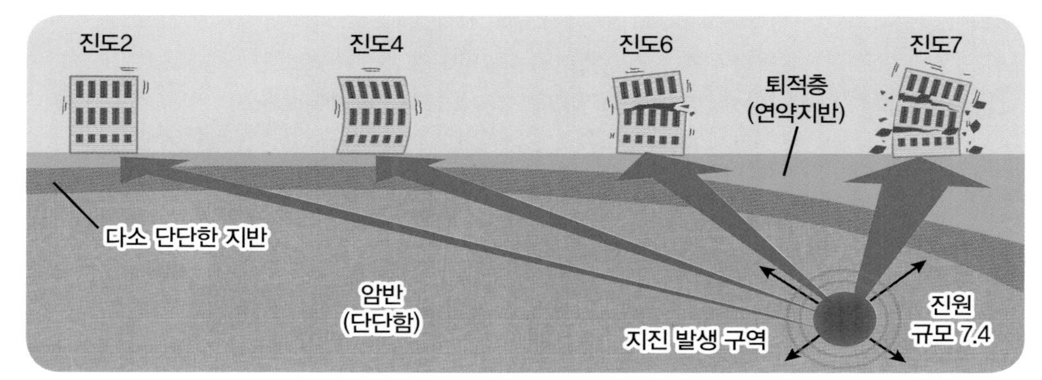

진도의 결정 : 진원깊이, 지반 특성, 전파 경로에 따라 땅 위로 전달되는 지진파의 세기가 달라진다.

지진의 분류

천발지진	중발지진	심발지진
진원의 깊이가 70 ㎞ 이하인 지진	진원의 깊이가 70 ㎞~300 ㎞인 지진	진원의 깊이가 300 ㎞ 이상인 지진

지진재해의 영향

❶ **지반 진동 :** 지진의 가장 중요한 1차적 결과.

❷ **단층 작용과 지반 균열 :** 단층 작용으로 지반에 균열이 발생하면 단열 부위 주변으로 피해가 확산됨.

❸ **여진 :** 지진 직후 발생하는 작은 지진으로 여진에 의해 피해 확대.

❹ **화재 :** 2차적 영향으로 심각한 피해 발생.

❺ **산사태 :** 급경사 지역에서 절벽의 붕괴, *토석류의 급속한 유동 발생.

❻ **액상화 :** 지반이 전단강도를 상실하고 액체와 같이 유동해 *침하가 발생하는 현상.

❼ **지반의 높이 변화 :** 지반의 연직 변위(침강, 융기).

❽ **지진해일 :** 지진의 2차적 영향으로, 해저에서의 지진 등으로 발생.

*토석류 흙과 돌이 비탈면을 따라 급속히 미끄러져 내리는 현상.
*침하 지반이나 구조물이 가라앉거나 꺼지는 현상.

지진의 규모에
따라 일어나는 현상이
달라지죠!

지진의 규모와 진도에 따른 현상

규모	진도	현상	
1.0~2.9	I	I	• 특별히 좋은 상태에서 극소수의 사람만 느낌.
3.0~3.9	II ~ III	II	• 건물의 위층에 있는 소수의 사람만 느낌.
		III	• 실내에서, 특히 건물 위층에 있는 사람들이 뚜렷하게 느낌. • 정지하고 있는 차가 약간 흔들리며 트럭이 지나가는 듯한 진동이 느껴짐. • 지속 시간이 산출됨.
4.0~4.9	IV ~ V	IV	• 실내에서는 많은 사람들이 느끼나 야외에서는 거의 느끼지 못함. • 밤에는 일부 사람들이 잠에서 깸. • 그릇, 창문, 문 등이 흔들리며 벽이 갈라지는 듯한 소리가 남. • 대형 트럭이 건물에 부딪치는 듯한 느낌을 줌. • 정지한 차가 뚜렷하게 흔들림.
		V	• 거의 모든 사람이 느낌. • 많은 사람들이 잠에서 깸. • 그릇과 창문이 깨지기도 하며 고정되지 않은 물체는 넘어지기도 함.
5.0~5.9	VI ~ VII	VI	• 모든 사람이 느낌. • 많은 사람들이 놀라 대피함. • 무거운 가구가 움직이기도 하며 건물 벽에 균열이 생기기도 함.
		VII	• 모든 사람이 놀라 뛰쳐나옴. • 부실 건축물은 상당한 피해 발생. • 설계와 건축이 잘된 건축물에서는 피해를 무시할 수 있으나, 보통 건축물은 약간의 피해 발생. • 굴뚝이 무너지기도 하며 운전자도 지진동을 느낄 수 있음.
6.0~6.9	VIII ~ IX	VIII	• 특수 설계된 건축물에 약간의 피해 발생. • 일반 건축물에도 부분적인 붕괴 등 상당한 피해 발생. • 부실 건축물은 극심한 피해 발생. • 창, 벽, 굴뚝, 기둥, 기념비, 벽돌이 무너짐.
		IX	• 특수 설계된 건축물에도 상당한 피해 발생. • 견고한 건축물에 부분적 붕괴 발생. • 지표면에 균열 발생. • 지하송수관 파손.
7.0 이상	X ~ XII	X	• 대부분의 건축물이 기초와 함께 부서짐. • 지표면에 심한 균열이 생김. • 철로가 휘고 산사태가 발생함.
		XI	• 남아 있는 건축물이 거의 없으며 지표면에 광범위한 균열이 생김. • 지표면이 침하하고 철로가 심하게 휨.
		XII	• 전면적인 파괴 상황. • 지표면에 파동이 보임. • 수평면이 뒤틀리며 건물이 무너짐.

지진파의 종류와 특성

지진파의 종류		지진파의 특성
실체파	P파 : 종파 (primary wave)	• 밀도를 변화시키며 이동하는 지각변화파. • 음파와 같은 *소밀파로써 모든 매질에서 전파됨. *소밀파 매질의 진동 방향이 파동의 방향에 일치하는 파동.
	S파 : 횡파 (secondary wave)	• 밀도의 변화 없이 지각의 변형만 있음. • 진행방향에 수직인 횡운동에 의해 액체 내부(지구의 외핵과 내핵)는 통과할 수 없음.
표면파	러브파 (love wave)	• 하층은 파동이 없고 윗부분만 파가 전달되며 밀도의 변화는 일어나지 않음. • 러브파는 S파의 수평운동 성분인 SH파로써, 수직운동 성분 지진계에는 거의 기록되지 않음.
	레일레이파 (Rayleigh wave)	• 밀도의 변화가 심하며 파동 형식의 S파, P파의 복합적 성질을 보임. • P파와 S파의 수직운동 SV파가 조합된 성질을 가지며 수평운동성분 지진계에는 거의 기록되지 않음.
기타	자유진동 (free oscillation)	• 큰 규모의 지진이 발생한 이후, 종이 울리고 난 것처럼 몇 주간에 걸쳐 나타나는 지구 전체의 진동. • 체적변화를 수반하는 구상진동과 체적변화가 없는 뒤틀림진동으로 구분됨.

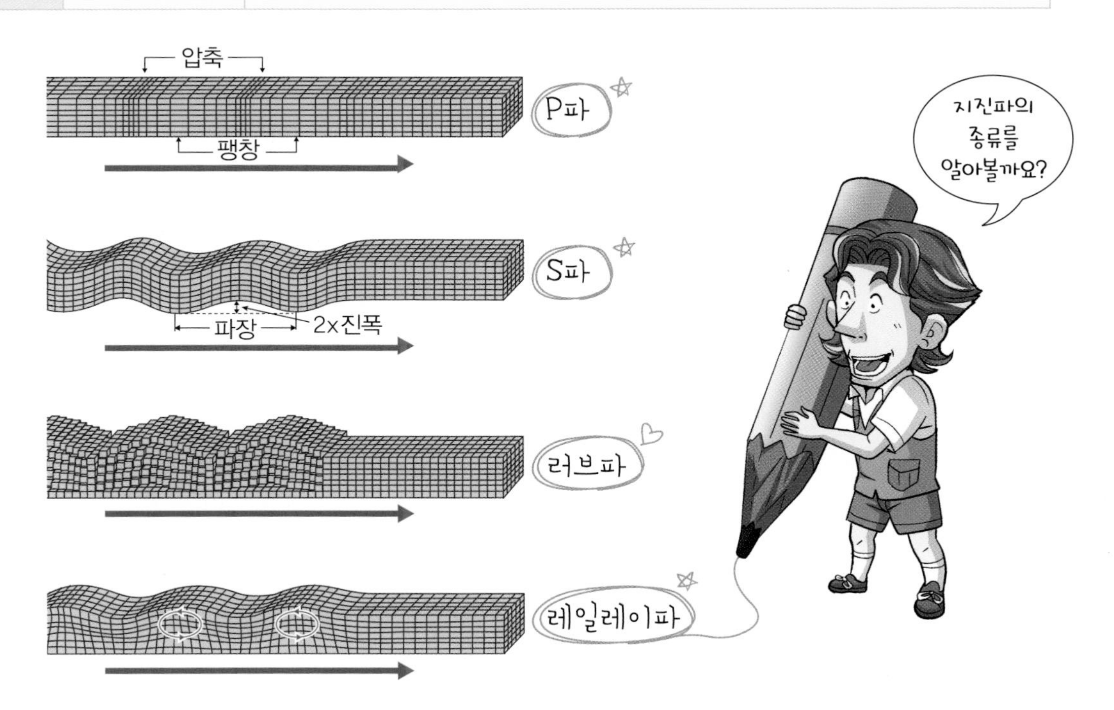

지구 내부에서 지진파가 진행하는 모습

지진파는 진행방향과 입자의 진동방향과의 관계에 따라 여러 종류의 파로 나눠진다. P파는 고체와 액체 속을 모두 통과하지만, S파는 고체만을 통과해서 액체 상태인 외핵은 통과하지 못한다. 이런 지진파들이 지구 내부를 통과하면서 굴절되거나 반사돼 지진파가 도달하지 않는 암영대가 생기게 된다.

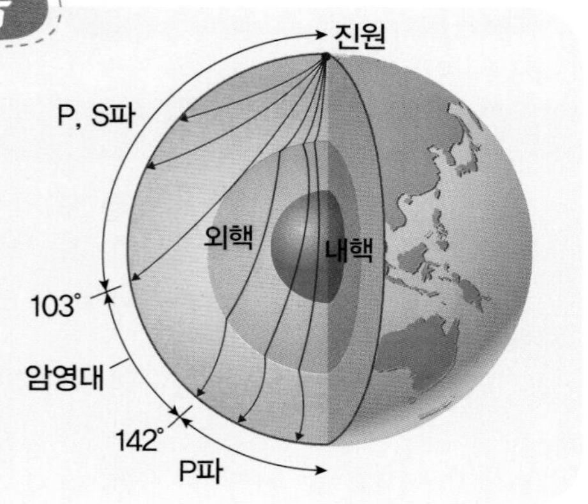

진앙과 진원의 결정

진원을 알아내기 위해서 보통 세 곳 이상의 관측소 기록을 이용한 방법을 사용한다.

❶ A, B, C 관측소에서 종파인 P파와 횡파인 S파의 관측 시간 차를 찾는다.

❷ P파가 도달한 후 S파가 도달할 때까지의 시간을 이용해 진앙거리를 구한다.

❸ 진앙거리까지의 반지름이 해당되는 원을 그린다.

❹ 원들이 만나는 점을 찾으면 이곳이 곧 진앙(E)이 된다.

❺ 원들 중 하나를 선택해 구를 그린다.

❻ 진앙(E)에서 수직선으로 내린 선과 구가 만난 지점이 진원이고, EH가 진원깊이가 된다.

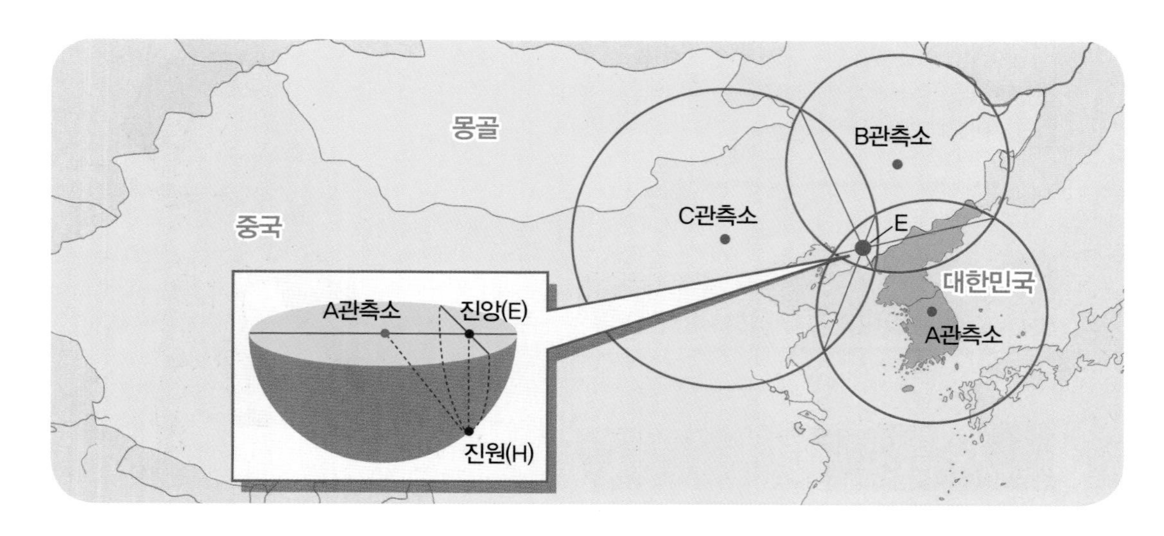

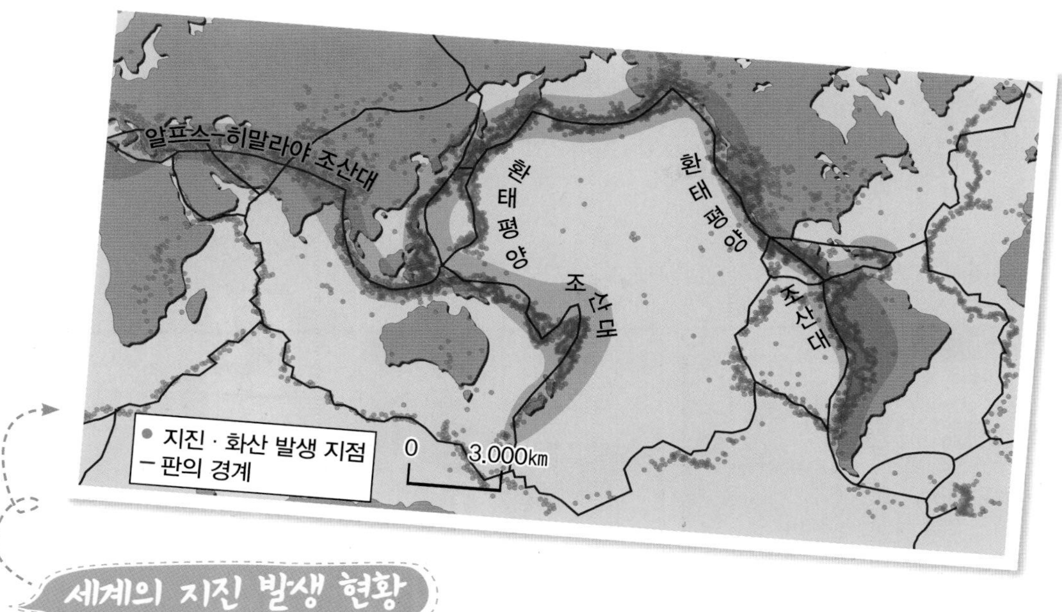

세계의 지진 발생 현황

1978년~2014년에 발생한 규모 5.0 이상의 지진은 전 세계적으로 60,791회로 연평균 1,643회 발생했다. 같은 기간 우리나라에서는 6회의 지진이 발생해 연평균 0.16회였다. 특히 '불의 고리'라고 불리는 지역은 유라시아판과 북미판 등 대륙판들의 경계선인데, 이 경계로 인해 다른 지역보다 지각 변동이 활발해 지진이 많이 발생했다.

지진의 발생 과정

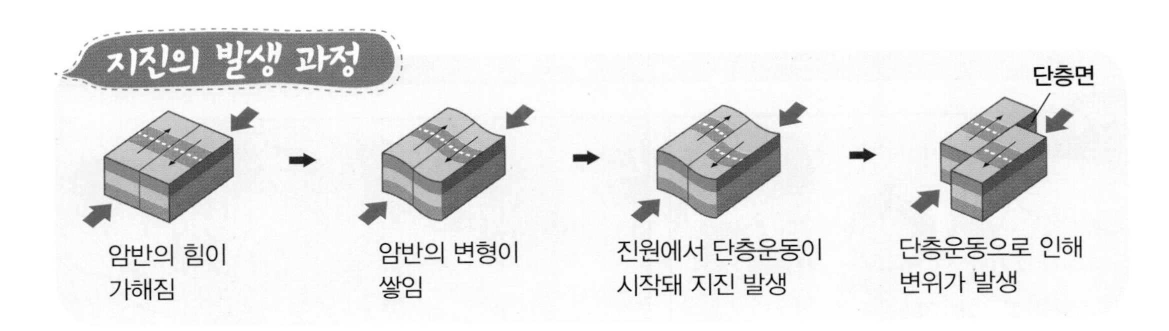

단층의 종류

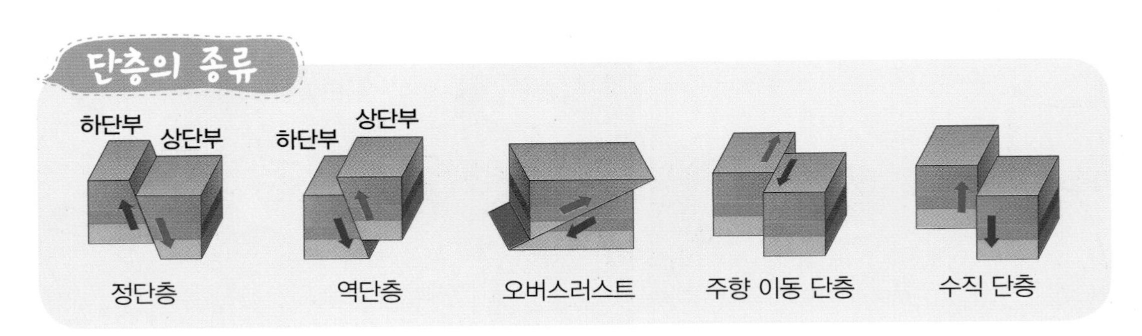

2
태풍

드디어 내일
워터파크에 가는구나!
야~호

멋진 수영복,
선글라스는 필수!
이래도 안 반해?
짜
잔

슥-
내 마음이야.
귀찮아.
흥!
슥-
내일 날 짝사랑하는
희진이도 온다고 했지?
나한테 또 반하면
부담스러운데.

으악!
퍽-

내 눈 괴롭히지
말고 옷 입어라.
씩-
쳇, 나보다 3분
빨리 태어났다고
맨날 누나 행세야!
씩-

카톡!
지이잉~

어! 이 밤중에
하준이가 웬일이지?
스윽

깜짝
뭐시라?
지금 태풍
올라온대. 내일
워터파크 휴장.
놀러가기는
다 틀렸어.ㅠㅠ

한 달 내내
기다렸는데 이게
웬 날벼락!

참, 그러고 보니 태풍이
진로를 바꿔서 이쪽으로
온다고 뉴스에 나오더라.
화르르르~
이놈의 태풍,
가만 안 두겠어!

띵~동
띵~동
이 밤중에
누구지?

우리 조카들,
잘 있었니?
삼촌, 이 시간에
웬일이세요?

뉴스 봤지?
대형 태풍이 오고
있단다. 엄마, 아빠는
내일이나 오신다니 너희
둘이 걱정돼서 말이야.
아하!

어! 그런데 우리 지우 표정이 왜 그래?
내일 놀러 가기로 한 워터파크가 태풍 때문에 휴장돼서 그런가 봐요.
슥

짠
우리 지우 많이 실망했구나. 그럴 줄 알고 삼촌이 피자 사 왔다!

꺄~ 역시 삼촌이 최고야!
와

잠깐! 태풍이 오고 있는데 창문에 아무 것도 안 붙인 거니?
네? 창문에 뭘 붙여요?
왜요?

스윽
신문지나 종이 말이야. 이걸 붙여야 강한 태풍이 와도
유리창이 깨지지 않게 대비할 수 있지!
고작 신문지로요?

유리창에 신문지 붙이는 순서

미국 남부를 강타한 허리케인 카트리나

카트리나는 2005년 8월 23일 멕시코 만에서 에너지를 받으며 강력한 초특급 허리케인으로 발전했다.

며칠 뒤인 8월 29일 미국 루이지애나 주의 남부 도시 뉴올리언스를 강타했고, 강력한 비바람으로 도시를 둘러싼 제방을 무너뜨렸다.

호수의 물이 순식간에 흘러들어 시내의 약 80 %가 물에 잠겼고, 미처 대비하지 못한 주민들은 밀려오는 물결을 피할 사이도 없이 속수무책으로 당했다.

뉴올리언스의 피해 지역은 해수면보다 낮은 도시를 둘러싼 둑이 무너져 내려 도시로 물이 흘러 들어오는 이른바 '사발 효과' 때문에 상황이 더 악화됐다.

뉴올리언스의 주민 2만여 명이 실종됐고, 구조된 사람들은 근처의 슈퍼돔에 6만 명 이상, 뉴올리언스 컨벤션센터에 2만 명 이상 수용됐다.

하지만 수용 시설은 전기가 끊긴 상황에서 물 공급 및 환기마저 제대로 되지 않아 이재민들의 불만은 더욱 커졌다.

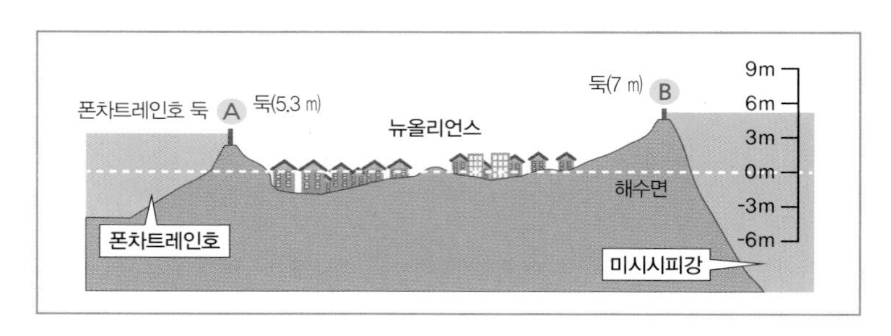

또 시내 곳곳에 시체가 떠다니는 참담한 광경이 펼쳐졌고, 전염병이 들끓어 최악의 상황으로 치달았다.

가까스로 옥상으로 대피한 시민들 중 일부는 탈수와 배고픔으로 숨지기도 했다.

폐허가 된 시내에서는 약탈, 총격, 방화 등의 각종 범죄가 발생했다.

무법천지가 된 뉴올리언스의 치안을 위해 주 방위군이 투입됐고, 난동자를 사살할 수 있는 권한까지 주어졌다.

미국 남부를 강타한 허리케인 카트리나는 미국 역사상 최악의 자연재해로 기록됐다. 무엇보다 늑장 대처와 무기력한 재난 처리 방식에 대한 비난이 끊이지 않았다.

2005년 강력한 허리케인인 카트리나가 지나간 이후 72시간 동안 지방정부는 마비됐고, 전문성을 상실한 연방정부의 늑장 대응으로 수많은 인명 · 재산 피해가 발생했

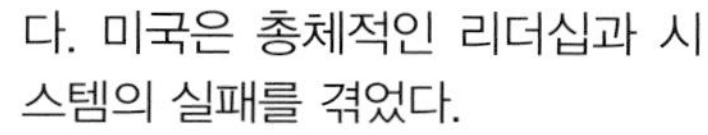
다. 미국은 총체적인 리더십과 시스템의 실패를 겪었다.

카트리나 사태 이후 국토안전부에 종속돼 있던 연방재난관리청(FEMA)은 국토안전부에 속해 있으면서도 예전과 같은 독립적인 의사 결정 기구가 돼 권한이 대폭 강화됐다.

/ 재난뉴스 기자

재난뉴스

2002년 8월 23일

태풍 루사는 2002년 8월 23일 서태평양 마리아나제도의 섬 괌에서 동북쪽으로 1,800 ㎞ 떨어진 해상에서 열대성 폭풍으로 발달해 29~30일 중심 기압이 950 hPa로 강해지면서 태풍으로 바뀌었다.

태풍 루사는 한반도를 관통해 강원도 영동 지역에 폭우를 쏟아부었다. 이때 내린 비는 기상 관측사상 하루 최대 강우량을 기록했다. 하천이 범람하고 도심의 저지대가 침수됐으며, 제방, 도로, 교량 등이 유실되는 등 그 피해가 다른 지역보다 심했다.

사망자만 213명, 실종자 33명 등의 인명 피해를 냈고, 이재민은 9만여 명에 달했다. 또 재산 피해 5조 4,696억 원을 내 역대 가장 큰 재산 피해를 준 태풍으로 기록됐다.

태풍 루사는 북쪽에서 내려오는 차가운 공기와 부딪치면서 대기가 불안정해졌고, 여기에 태백산맥의 지형적 특성이 더해지면서 강수량이 크게 늘어났다.

태풍의 강도 분류

구분	최대 풍속
약한 태풍	17 m/s(34 knots) 이상 ~ 25 m/s(48 knots) 미만
중간 태풍	25 m/s(48 knots) 이상 ~ 33 m/s(64 knots) 미만
강한 태풍	33 m/s(34 knots) 이상 ~ 44 m/s(48 knots) 미만
매우 강한 태풍	44 m/s(85 knots) 이상

숫자로 돼 있어서 그런지 실감이 잘 안나요.
쓰윽

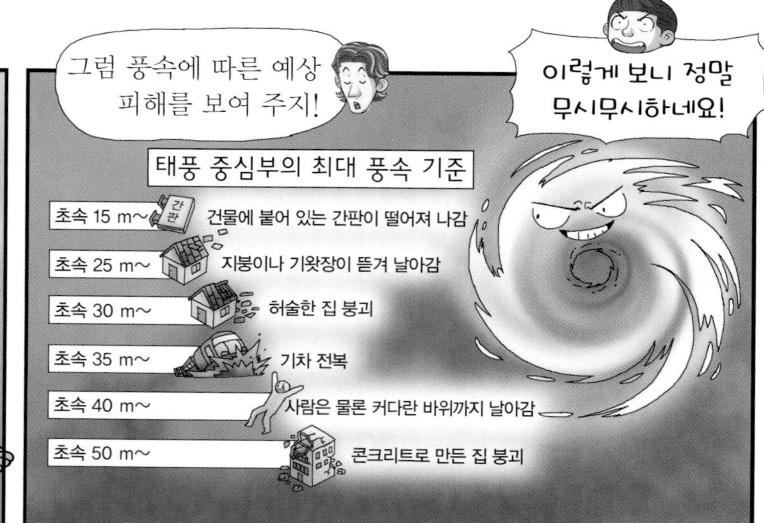
그럼 풍속에 따른 예상 피해를 보여 주지!
이렇게 보니 정말 무시무시하네요!
태풍 중심부의 최대 풍속 기준
초속 15 m~ 건물에 붙어 있는 간판이 떨어져 나감
간판
초속 25 m~ 지붕이나 기왓장이 뜯겨 날아감
초속 30 m~ 허술한 집 붕괴
초속 35 m~ 기차 전복
초속 40 m~ 사람은 물론 커다란 바위까지 날아감
초속 50 m~ 콘크리트로 만든 집 붕괴

사실 이 태풍은 북한에서 지은 이름인 '매미'였는데, 우리나라에 엄청난 재해를 일으켜서 '무지개'로 바뀌었어.
14호 태풍
무지개
매미
그 해 막대한 피해를 입히는 경우 앞으로 유사한 태풍 피해가 없도록 해당 태풍 이름을 퇴출하거든.

태풍 이름은 어떻게 만들어지는 건데요?
쩝
2000년부터 아시아태풍위원회에서 결정하는 걸로 바뀌었어. 그래서 지금은 아시아 지역 14개국의 고유한 이름을 사용하고 있지.
쩝

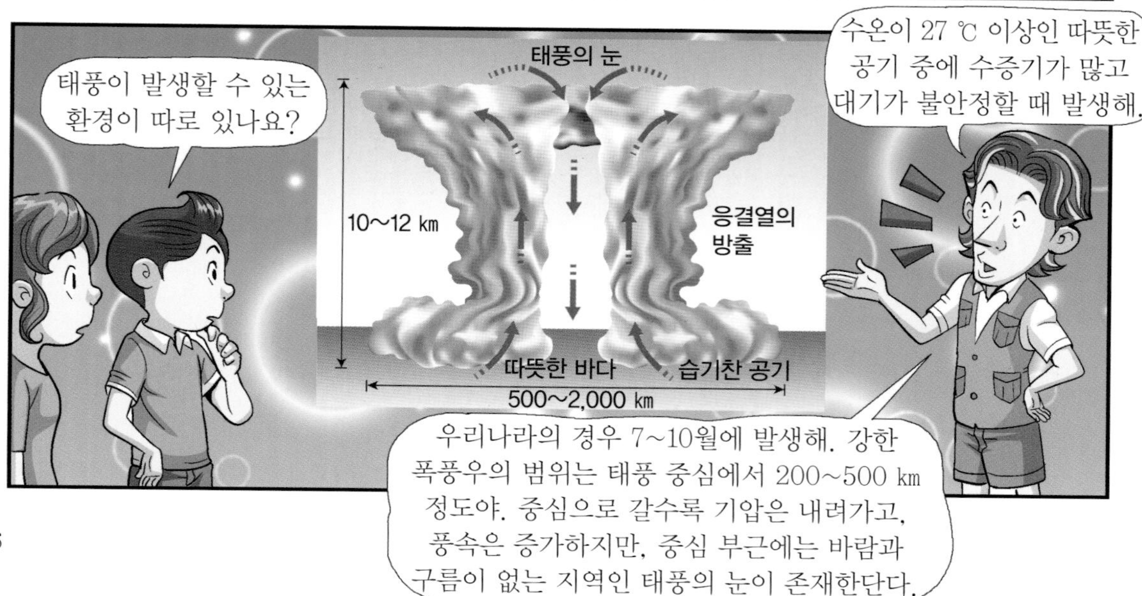
태풍이 발생할 수 있는 환경이 따로 있나요?
태풍의 눈
10~12 km
응결열의 방출
따뜻한 바다
습기찬 공기
500~2,000 km
수온이 27 ℃ 이상인 따뜻한 공기 중에 수증기가 많고 대기가 불안정할 때 발생해.
우리나라의 경우 7~10월에 발생해. 강한 폭풍우의 범위는 태풍 중심에서 200~500 km 정도야. 중심으로 갈수록 기압은 내려가고, 풍속은 증가하지만, 중심 부근에는 바람과 구름이 없는 지역인 태풍의 눈이 존재한단다.

혹시 태풍이 지나가지 않고 우리나라에 몇 달 동안 있으면 어떡해요?
휘리릭
휘리릭
에휴
악~ 그럼 이번 여름은 물놀이 한 번 못해 보고 끝나는 거 아냐!

하하, 태풍은 반드시 없어지니 걱정하지 말렴.
태풍이 발생해서 소멸하기까지의 단계를 알려줄게!
잉~
정말요?

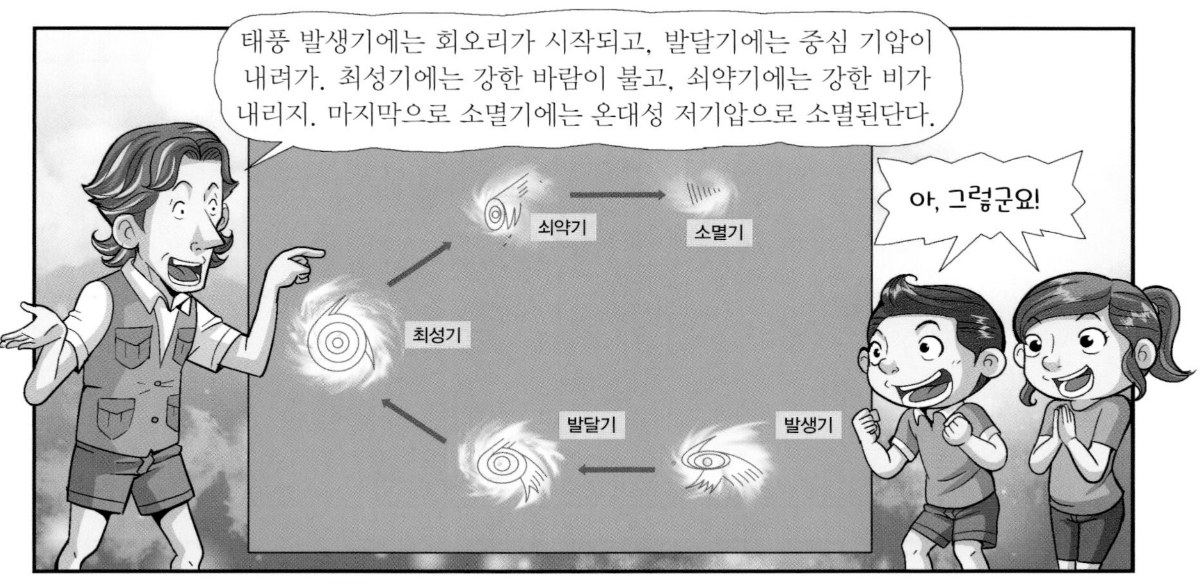
태풍 발생기에는 회오리가 시작되고, 발달기에는 중심 기압이 내려가. 최성기에는 강한 바람이 불고, 쇠약기에는 강한 비가 내리지. 마지막으로 소멸기에는 온대성 저기압으로 소멸된단다.
쇠약기
소멸기
최성기
발달기
발생기
아, 그렇군요!

그럼 이렇게 무서운 태풍을 대비하기 위해서는 어떻게 해야 돼요?
척
멍청하긴! 태풍이 오기 전에 다른 나라로 도망가면 되지! 크크.
타다닥
정말 너다운 생각이다.

태풍을 대비하기
위해서는 말이지.
쩝
쩝
TV, 라디오, 인터넷을 통해
태풍의 이동 경로를 알아야
해. 집 주변 하수구, 배수구,
빗물받이 등도 점검해야 하지.

생필품인 비상식량, 마실 물, 응급약품, 손전등 등을
미리 준비해 두고, 태풍으로 날아갈 위험이 있는
지붕이나 물건 등을 점검하고 단단히 고정해야 한다.
생수
비상식량
응급상자

어! 너 근데
지금 뭐하니?
헤
헤
비상식량 챙겨
놓으려고요.
과자
과자
스윽
과자
과자
초코파이

그러고 보니 비가 많이
오면 우리 동네는 자주
침수되더라고요.

아주 좋은 지적이야.
자신이 거주하는 지역이 침수
지역이나 저지대인지 확인하고,
만약 그렇다면 대피소와
대피로를 알아둬야 해.
상습 침수 지역
대피 경로

태풍을 대비하기 위해서는 정말 준비를 철저히 해야겠어요.
당연하지! 이렇게 비상시 대처 방법을 미리 알아두고, 비상연락망도 만들어 놔야 한다고!
스윽
비상연락망
넵!

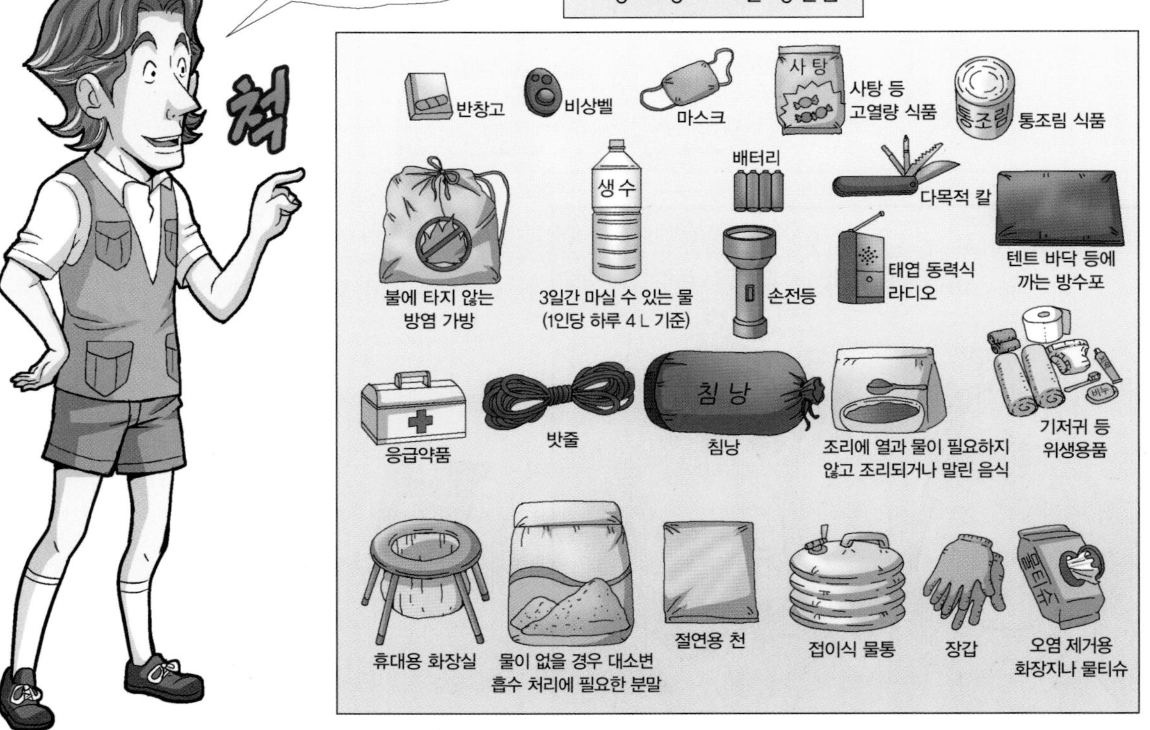
그럼 비상시 챙겨야 하는 생필품에 뭐가 있는지 볼까?
척
비상시 챙겨야 할 생필품
반창고
비상벨
마스크
사탕
사탕 등 고열량 식품
통조림
통조림 식품
불에 타지 않는 방염 가방
생수
3일간 마실 수 있는 물 (1인당 하루 4 L 기준)
배터리
손전등
다목적 칼
태엽 동력식 라디오
텐트 바닥 등에 까는 방수포
응급약품
밧줄
침낭
침낭
조리에 열과 물이 필요하지 않고 조리되거나 말린 음식
기저귀 등 위생용품
휴대용 화장실
물이 없을 경우 대소변 흡수 처리에 필요한 분말
절연용 천
접이식 물통
장갑
물티슈
오염 제거용 화장지나 물티슈

참! 시골에 계신
할아버지께 태풍
조심하시라고
전화드려야겠어요.
짝
할아버지 걱정은
하지 마. 이 삼촌이
이미 했단다.

그러니 우리나라
재난안전 분야의
최고 권위자가 되신
거 아니겠어?
역시 삼촌은
완벽해!
척

그런데 삼촌,
태풍주의보가 내려질 때랑
태풍경보가 내려질 때,
그리고 태풍이 진행되고
있을 때 라디오에서
알려주는 대처 방법들이 다
다르더라고요.
스윽
생각해 보니 작년
할아버지 댁에 놀러
갔을 때, 할아버지가
태풍에 대비하시는
것도 도시랑 다른 것
같았어요.
오~ 역시 내 조카들답게
예리하단 말이야!
와락
지금부터 너희들의
궁금증을 단번에
풀어 주마!
턱

재난대처방법 태풍

태풍주의보 때 모든 지역 ❶

- □ TV, 라디오, 인터넷을 통해 기상예보 및 태풍 상황을 알아둔다.
- □ 집과 주변의 하수구, 배수구, 빗물받이 등을 수시로 점검한다.
- □ 상습 침수 지역이나 저지대에 거주하고 있는 주민은 대피를 준비한다.
- □ 공사장 근처는 여러 위험이 발생할 수 있으니 가까이 가지 않는다.
- □ 고압전선, 전신주, 가로등, 신호등에 가까이 가거나 접촉하지 않는다.

태풍주의보 때 모든 지역 ❷

- □ 감전의 위험이 있으므로 전기 수리는 하지 않는다.
- □ 운전 중일 경우 속도를 줄여 운행하며, 잘 아는 도로를 이용한다.
- □ 천둥 · 번개가 칠 경우 건물 안이나 낮은 곳으로 대피한다.
- □ 날아갈 위험이 있는 물건 등을 다시 점검하고 단단히 고정한다.

태풍주의보 때 모든 지역 ❸

- □ 송전철탑이 넘어졌을 경우 119나 시 · 군 · 구청 또는 한국전력공사에 즉시 신고한다.
- □ 집 안의 창문이나 출입문을 잠근다.
- □ 외출을 하지 않으며, 특히 어린이나 노약자는 집 안에 머무른다.
- □ 각종 공사장은 안전사항을 수시로 점검하고 정비한다.

태풍주의보 때 도시 지역

- ☐ 간판 등 떨어지거나 날아갈 위험이 있는 물건은 단단히 고정한다.
- ☐ 아파트, 고층 건물의 옥상 출입을 삼가고 출입문과 창문을 잘 잠근다.
- ☐ 고층 건물 등의 옥상에 떨어질 위험이 있는 시설물을 제거하거나 묶어 둔다.

태풍주의보 때 농촌 지역

- ☐ 농경지의 용 · 배수로와 논둑을 미리 점검하고, 물꼬를 조정한다.
- ☐ 병충해를 방제하고 산간 계곡의 야영객은 안전한 곳으로 대피한다.
- ☐ 비닐하우스 등의 농업 시설물을 점검하고 정비한다.
- ☐ 집 주변에서 있을지 모를 산사태 등의 사전 징후를 살펴본다.
- ☐ 농기계와 가축을 안전한 곳으로 이동시킨다.

태풍주의보 때 해안 지역

- ☐ 바닷가 저지대에 사는 주민들은 대피한다.
- ☐ 어업 활동을 금지하고, 선박에 고무 타이어를 부착해 단단히 고정시킨다.
- ☐ 가시설물은 철거하고, 해수욕장은 이용하지 않는다.
- ☐ 해안 저지대 경계 및 예찰 활동을 강화한다.

태풍경보 때 모든 지역 ❶

- ☐ TV, 라디오, 인터넷을 통해 기상예보 및 태풍 상황을 확인한다.
- ☐ 상습 침수 지역이나 저지대 등 재해위험지구 주민들은 대피한다.
- ☐ 전기 설비가 고장 나더라도 수리하지 않는다.
- ☐ 모래주머니나 튜브 등을 이용해 물이 넘쳐서 흐르는 것을 방지한다.
- ☐ 바람에 날아갈 물건이 주변에 있다면 미리 치워둔다.

 태풍경보 때 **모든 지역 ❷**

- ☐ 운전 중일 경우 속도를 줄여 운행하며, 잘 아는 도로를 이용한다.
- ☐ 다리는 안전한지 확인한 뒤에 건넌다.
- ☐ 천둥 · 번개가 칠 경우 가로수 주변은 피하고, 건물 안이나 낮은 곳으로 대피한다.
- ☐ 정전이 될 경우 사용할 수 있게 손전등을 준비하고 비상 상황에 대비한다.
- ☐ 각종 공사장에 안전조치를 취하고 작업을 중단한다.

 태풍경보 때 **도시 지역**

- ☐ 침수가 예상되는 지하 공간에는 주차를 금지하고, 지하층에 거주하는 주민들은 대피한다.
- ☐ 건물 간판이나 위험 시설물 주변으로 다가가지 않는다.
- ☐ 건물 옥상이나 지하실 및 하수도 맨홀에 접근하지 않는다.
- ☐ 건물의 유리창에 신문지나 테이프를 붙여 파손에 대비한다.

 태풍경보 때 **농촌 지역**

- ☐ 산사태의 위험이 있는 주택에 사는 주민들은 미리 대피한다.
- ☐ 농경지 침수 예방을 위해 모래주머니 등을 이용, 하천의 물이 넘치는 것을 방지한다.
- ☐ 농작물을 보호 조치하고 용 · 배수로, 논둑을 수시로 점검한다.
- ☐ 산사태가 일어날 수 있는 비탈면 근처에 접근하지 않는다.

 태풍경보 때 **해안 지역**

- ☐ 해안가나 항구 등에 접근하지 않는다.
- ☐ 해안가에 있는 위험 시설물을 점검하고 임시로 철거한다.
- ☐ 해안가의 저지대 주민은 안전한 곳으로 대피한다.
- ☐ 해안도로는 차량 운행을 통제하고, 조업어선을 대피시킨다.

그럼 태풍이 왔을 때
밖에서 일하시는 분들이나
여행을 간 사람들은
어떻게 해야 돼요?
장소에 따라
대처하는
요령이 다
다르지!
TV에서 고압전선에
감전되거나 간판이 떨어져
크게 다치는 사고도 많이
나오더라고요.
맞아. 특히 길이나
도로에서는 더욱
조심해야 하지.

아! 옆집은 오늘 계곡으로 피서
갔다고 하던데, 잘 대피하셨는지
모르겠네!
짝
그러게….

강이나 계곡은 물살이 거세서
태풍이 오면 안 가는 게 낫지.
태풍이 진행
중일 때 각 장소별로
어떻게 대처해야
하는지도 알려주마!

태풍이 진행 중일 때 집에서

- ☐ TV, 라디오, 인터넷을 통해 기상예보 및 태풍 상황을 확인한다.
- ☐ 축대나 담장이 무너질 염려가 없는지, 바람에 날아갈 물건은 없는지 다시 한번 확인한다.
- ☐ 긴급 상황 발생 시 신속하게 대피한다.
- ☐ 가족이나 행정기관과의 연락망을 수시로 확인한다.
- ☐ 수방자재 및 구호물자를 적극적으로 활용한다.

태풍이 진행 중일 때 길에서

- ☐ 고압전선, 전신주, 가로등, 신호등에 접근하거나 접촉하지 않는다.
- ☐ 건물의 간판 및 위험 시설물 주변과 산사태가 일어날 수 있는 비탈면 근처로 걸어가거나 접근하지 않는다.
- ☐ 물에 잠기는 도로는 피하고, 작은 개울이라도 건너지 않는다.
- ☐ 천둥번개가 칠 경우 건물 안이나 낮은 곳으로 대피한다.

태풍이 진행 중일 때 강 · 계곡에서

- ☐ 신속히 산에서 내려오거나 빠르게 높은 지대로 대피하고, 물살이 거센 계곡은 절대 건너지 않는다.
- ☐ 야영 중에 급격히 물이 불어날 경우 절대 물건에 미련을 두지 말고 신속하게 대피한다.
- ☐ 낚시를 하고 있는 사람은 안전지대로 신속하게 대피한다.

태풍이 멈춘 뒤

- ☐ 파손된 상하수도나 도로를 발견하면 시·군·구청이나 읍·면·동 사무소에 연락한다.
- ☐ 아무 물이나 마시지 않고, 물은 끓여 마신다.
- ☐ 전기, 가스, 수도 시설은 손대지 말고 점검 뒤 사용한다.
- ☐ 물에 잠긴 집안은 가스가 차 있을 수 있으니 환기를 시킨다.
- ☐ 연약해진 제방이 붕괴될 수 있으니 제방 근처에는 가지 않는다.

앞으로 태풍의 진행 상황에 맞게 우리가 잘 대처해야겠어요.
척
당연하지! 태풍에 대해 꼼꼼히 대비를 해 놓지 않으면 나와 내 가족뿐 아니라 다른 사람에게까지 피해를 줄 수 있거든.

삼촌, 한 가지 빠진 게 있어요!
저 잠깐 밖에 나갔다 올게요!
후다닥
지우야, 어디 가는 거야?

잠시 후
저 왔어요.
아니, 이게 뭐야?
삼촌, 집이 없는 동물들도 안전한 곳으로 대피해야죠.
야옹~
파닥
파닥
애들아, 어서 들어와!
그런 생각을 다 하고, 우리 지우, 기특한걸!
어휴, 난 몰라….
멍
멍

재난지식 노트

태풍이 무엇인지,
어떤 조건에서 발생하는지
기억해요!

태풍이란?

꼭 기억하자!

❶ 세계기상기구는 열대저기압 중에서 중심 부근의 최대 풍속이 33 m/s 이상인 것을 태풍, 25~32 m/s인 것을 강한 열대폭풍, 17~24 m/s인 것을 열대폭풍, 그리고 17 m/s 미만인 것을 열대저압부로 구분한다.

❷ 우리나라와 일본에서도 태풍을 이와 같이 구분하지만, 일반적으로 최대 풍속이 17 m/s 이상인 열대저기압 모두를 태풍이라고 부른다.

발생 지역에 따른 열대저기압의 이름

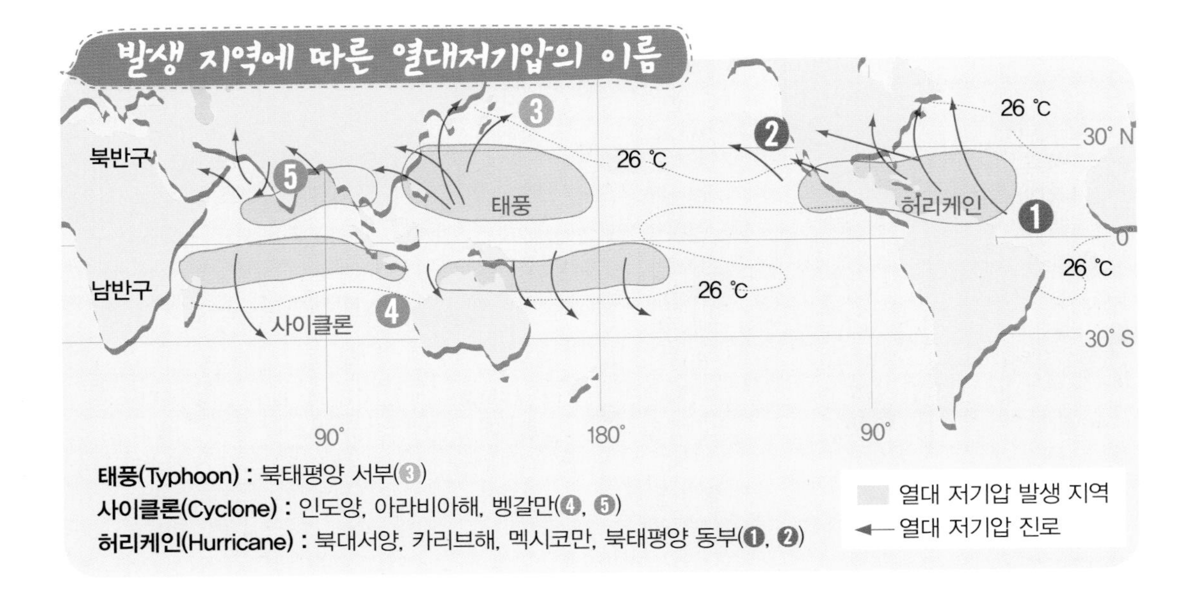

태풍(Typhoon) : 북태평양 서부(❸)
사이클론(Cyclone) : 인도양, 아라비아해, 벵갈만(❹, ❺)
허리케인(Hurricane) : 북대서양, 카리브해, 멕시코만, 북태평양 동부(❶, ❷)

태풍의 단면

태풍의 이름은 미리 정해져 있다는 사실!

나라별 태풍 제출 이름

제출 국가	1조	2조	3조	4조	5조
캄보디아	담레이	콩레이	나크리	크로반	사라카
중국	하이쿠이	위투	펑선	두쥐안	하이마
북한	기러기	도라지	갈매기	무지개	메아리
홍콩	카이탁	마니	풍웡	초이완	망온
일본	덴빈	우사기	간무리	곳푸	도카게
라오스	볼라벤	파북	판폰	참피	녹텐
마카오	산바	우딥	봉퐁	인파	무이파
말레이시아	즐라왓	스팟	누리	멜로르	므르복
미크로네시아	에위니아	문	실라코	네파탁	난마돌
필리핀	말릭시	다나스	하구핏	루핏	탈라스
한국	개미	나리	장미	미리내	노루
태국	프라피룬	위파	메칼라	니다	꿀랍
미국	마리아	프란시스코	히고스	오마이스	로키
베트남	손띤	레끼마	바비	꼰선	선까
캄보디아	암필	크로사	마이삭	찬투	네삿
중국	우쿵	바이루	하이선	뎬무	하이탕
북한	종다리	버들	노을	민들레	날개
홍콩	산산	링링	돌핀	라이언록	바냔
일본	야기	가지키	구지라	곤파스	와시
라오스	리피	파사이	찬홈	남테운	파카르
마카오	버빙카	페이파	린파	말로	상우
말레이시아	룸비아	타파	낭카	므란티	마와르
미크로네시아	솔릭	미탁	사우델로르	라이	구촐
필리핀	시마론	하기비스	몰라베	말라카스	탈림
한국	제비	너구리	고니	메기	독수리
태국	망쿳	람마순	앗사이	차바	카눈
미국	우토르	마트모	아타우	에어리	비센티
베트남	짜미	할롱	밤꼬	송다	사올라

태풍의 이름

❶ 1999년까지 미국 태풍합동경보센터에서 결정.

❷ 2000년부터 아시아태풍위원회에서 결정.

❸ 관심 강화를 위해 아시아 지역 14개국의 고유한 이름으로 변경해 사용.

❹ 각 국가별로 10개씩 제출한 140개가 각 조 28개씩 5조로 구성. 1조부터 5조까지 순환하면서 사용.

역대 태풍 순간 풍속 순위 (단위 m/s)

매미(2003)	60.0
프라피룬(2000)	58.3
루사(2002)	56.7
볼라벤(2012)	53.0
나리(2007)	52.4
테드(1992)	51.0

※ 큰 피해를 끼친 태풍 매미는 무지개로, 루사는 누리로 이름이 바뀌었다.

태풍의 발생과 특징

꼭 기억하자!

❶ 수온 27 ℃ 이상의 해면에서 발생. 공기가 따뜻하고 공기 중에 수증기가 많으며, 공기가 매우 불안정할 때 발생.

❷ 우리나라의 경우 7~10월에 많이 발생.

❸ 중심 부근에 강한 비바람 동반.

❹ 보통 육지에 상륙하면 속도가 느려지고 위력이 급속히 감소함.

❺ 발생 초기에는 서북진 방향으로 진행하고, 편서풍을 타고 북동진 방향으로 진행함.

❻ 강한 폭풍우의 범위는 태풍 중심에서 200~500 ㎞ 정도이며, 중심으로 갈수록 기압은 낮아지고 풍속은 증가하나 중심 부근에는 바람과 구름이 없는 지역인 '태풍의 눈'이 존재함.

태풍의 통보

구분	내용
태풍정보	태풍의 중심이 20°N, 140°E 북서구역에 위치하고 일반 국민에게 태풍에 대한 동향이나 주의 등을 환기시킬 필요가 있을 때
태풍주의보	태풍의 영향으로 최대 풍속이 14 m/s 이상이고 폭풍, 호우, 해일 등으로 기상재해가 우려될 때
태풍경보	태풍의 영향으로 최대 풍속이 21 m/s 이상이고 폭풍, 호우, 해일 등으로 막대한 기상재해가 우려될 때

태풍의 생애

❶ 발생기 ⇨ 발달기 ⇨ 최성기 ⇨ 쇠약기 ⇨ 소멸기

❷ 발생기에서 회오리가 시작되고, 발달기에서 중심 기압이 내려감.

❸ 최성기에서 강한 바람이 불고, 쇠약기에서 강한 비가 내림.

❹ 소멸기에서 온대성 저기압으로 소멸됨.

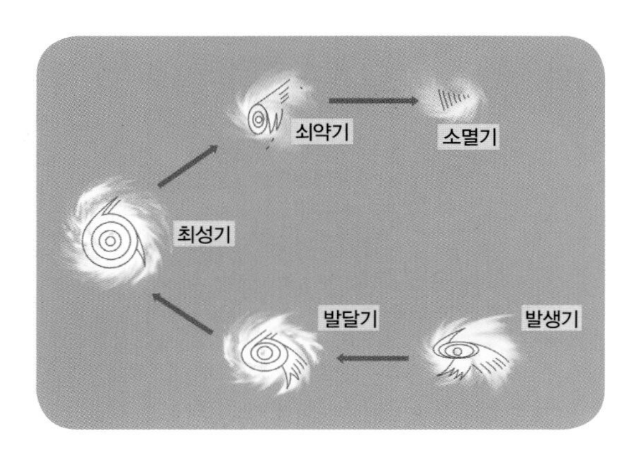

3-1

호우

호우주의보와 경보

목포 연안 여객선 터미널
목포 연안 여객선 터미널

뿌앙
아니, 출항을 못 한다니요? 그게 무슨 말입니까?
이 사람! 뉴스도 안 보나? 지금 풍랑주의보가 내려져 출항이 금지됐잖아요.
바빠죽겠구먼.

몇 달 전부터 계획한 여름휴가인데, 이게 뭐람?
어쩔 수 없죠, 뭐.

뉴스를 보고 출발할 걸 그랬나 봐.
라디오나 틀어보자.
부우우웅

탁
오늘 아침부터 서해안에는 풍랑주의보가, 서해안 내륙에는 호우주의보가 내려진 가운데 저지대 지역은….

이럴 줄 알았으면 집에서 잠이나 실컷 자는 건데. 먼 데까지 와서 이게 뭐람!
응?

저 사람들 지금
뭐하고 있는 거예요?
어선이나 시설물
파손에 대비하는 거야.
부우우웅
어서 타이어를
달아야겠다.
어망도 빨리 옮겨!
철썩
철썩

톡
어! 비가 오나 봐요!
톡

쏴아아아

와, 소다! 근데 소가
모두 집으로 들어가고
있어요.
추운가?
음메~
척

아마 호우주의보가
내려져서 그런 걸 거야.
농기계나 가축들도
안전한 곳으로
이동해야 하거든.

부우우웅

출입금지
끼-익
저기 보세요.
통행을 금지시키네요.
호우로 산사태가
났나 봐요.

그럼 옆길로
빠져나가자!
부웅

이런, 생각보다
비가 많이 오는데?
쏴아아
부우우웅

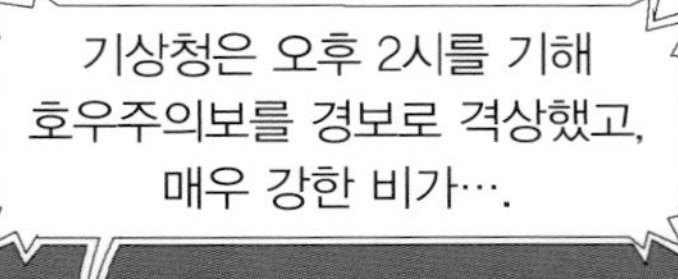
기상청은 오후 2시를 기해
호우주의보를 경보로 격상했고,
매우 강한 비가….

비가 많이 온다 했더니,
호우경보로 바뀌었네.

호우주의보랑
경보의 차이가
뭔데요?
호우주의보는 6시간 강우량이 70 ㎜ 이상
예상되거나 12시간 강우량이 110 ㎜ 이상 예상될
때 발표해. 호우경보는 6시간 강우량이 110 ㎜
이상 예상되거나 12시간 강우량이 180 ㎜ 이상
예상될 때 발표하는 거지.
호우주의보
예상
6시간
12시간
70 ㎜ 이상
110 ㎜ 이상
호우경보
예상
6시간
12시간
110 ㎜ 이상
180 ㎜ 이상

그럼 비가 더 많이
내린단 말이에요?
으앙~ 무서워!
쏴아아아
걱정 마.
이 아빠가 있잖아!

엥? 이게 무슨 일이야?
덜컹

앗, 구덩이에
바퀴가 빠졌네!
쏴아아
휘리리릭

이런!
부웅
잘 안 나오잖아.

바퀴가 $\frac{2}{3}$ 이상 빠지지 않아서 괜찮습니다. 하지만 그 이상이 되면 차에 부력이 생겨 위험하니 그런 일이 생긴다면 물이 차오르기 전에 대피하세요.

침수 지역을 차로 가로질러 갈 때

- 저속으로 멈추지 말고 한번에 이동한다.
- 운전 중 기어를 변경하면 시동이 꺼질 수 있으니 하지 않는 게 좋다.
- 시동이 꺼지면 다시 시동을 걸지 말고 과감하게 차량을 버리고 대피한다.

차량이 침수되는 상황일 때

- 타이어의 $\frac{2}{3}$ 높이까지 잠기면 부력이 발생하고 차량이 뜨게 돼 정상 작동이 불가능해진다.
- 차량 천장이 아니라 타이어가 물에 잠기면 침수로 본다.
- 침수된 차량은 물에 빠진 컴퓨터와 같으므로 성급하게 차의 시동을 걸면 상태를 더 악화시킨다.

재난뉴스

2015년 12월 3일

인도 남동부 첸나이 폭우로 큰 피해

2015년 11월 8일부터 12월 3일까지 인도 남동부 첸나이와 주변 지역은 한 달 동안 내린 기록적인 폭우와 홍수로 큰 피해를 입었다.

주택과 학교는 물론 공항까지 침수돼 많은 사람들이 고립됐다.

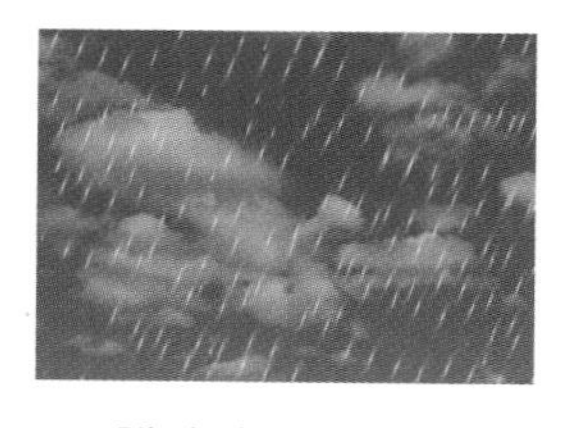

첸나이를 비롯한 주변 지역에 100년 만에 최고로 기록된 1,200 ㎜의 비가 내렸고, 12월 2일에는 하루 동안 무려 340 ㎜의 비가 더 내리며 폭우가 계속됐다.

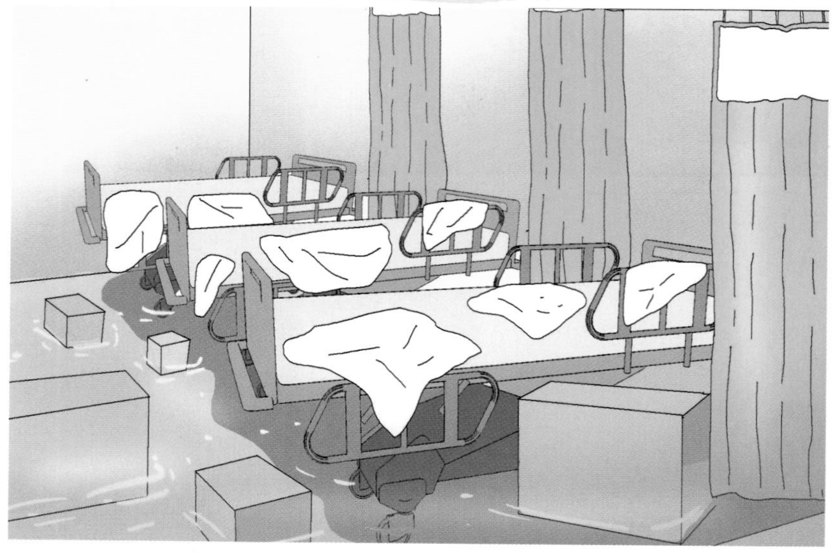

한 병원에서는 자체 발전실이 침수되고 전기 공급이 중단돼 인공호흡기가 작동하지 않아 입원 환자가 사망하는 경우도 생겼다.

인도 정부는 더 큰 피해를 막기 위해 4일까지를 임시공휴일로 정했고, 감전 사고를 막기 위해 첸나이 시내로 들어오는 전기도 중단했다.

주택 침수로 인해 이재민 캠프로 대피한 7만여 명의 시민들은 식수와 식품 부족에 시달리며 많은 어려움을 겪었다.

다행히 3일부터 첸나이와 주변 지역에 비가 그치면서 구호작업이 활발하게 진행됐다.

이 폭우로 첸나이를 비롯한 다른 지역에서 약 170여 만 명의 이재민이 발생했고, 사망자도 347명에 이르렀다고 인도 정부는 밝혔다.

/ 재난뉴스 기자

재난대처방법 호우

호우주의보 때 모든 지역 ❶

- □ TV, 라디오, 인터넷을 통해 기상예보 및 호우 상황을 알아둔다.
- □ 집 주변의 하수구, 배수구, 빗물받이 등을 수시로 점검한다.
- □ 상습 침수 지역이나 저지대에 거주하고 있는 주민은 대피를 준비한다.
- □ 공사장 근처는 여러 위험이 발생할 수 있으므로 접근하지 않는다.
- □ 고압전선, 전신주, 가로등, 신호등에 접근하거나 접촉하지 않는다.
- □ 송전철탑이 넘어졌을 경우 119나 시 · 군 · 구청 또는 한국전력공사에 즉시 연락한다.
- □ 집 안의 창문이나 출입문을 잠근다.

호우주의보 때 모든 지역 ❷

- □ 외출을 삼가며 특히 어린이나 노약자는 집 안에 머무른다.
- □ 각종 공사장은 안전사항을 수시로 점검하고 정비한다.
- □ 옥내 · 외 전기 수리는 감전의 위험이 있으므로 하지 않는다.
- □ 운전 중일 경우 감속 운행하며 친숙한 도로를 이용한다.
- □ 천둥 · 번개가 칠 경우 건물 안이나 낮은 곳으로 대피한다.
- □ 물에 떠내려갈 위험이 있는 물건은 안전한 장소로 옮겨 놓는다.
- □ 바람에 지붕이 날아가지 않도록 점검하고 정비한다.

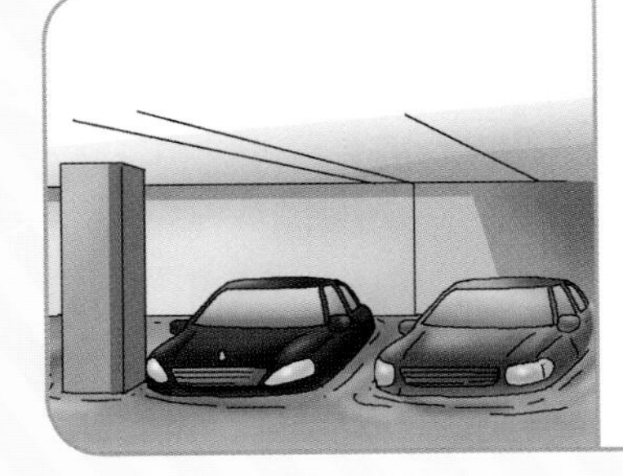

호우주의보 때 도시 지역

- □ 아파트 등 대형 및 고층 건물의 출입문과 창문 등을 닫고 잘 잠근다.
- □ 건물의 지하주차장에는 주차를 하지 않는다.
- □ 지하에 거주하는 주민은 대피를 준비한다.

호우주의보 때 **농촌 지역**

- ☐ 농경지의 용 · 배수로를 점검하고 정비한다.
- ☐ 논둑을 미리 점검하고 물꼬를 조정한다.
- ☐ 비닐하우스 등의 농업 시설물을 점검하고 정비한다.
- ☐ 농작물을 보호하기 위한 조치를 취한다.
- ☐ 집 주변에서 일어날지 모르는 산사태 등의 사전 징후를 알아두고 관찰한다.
- ☐ 농기계나 가축 등을 안전한 장소로 이동시킨다.
- ☐ 소하천 및 간이 *취입보 등을 점검하고 정비한다.

*취입보 수위를 높이고 물을 확보하기 위해 하천의 일부 또는 전부를 막아 물을 대는 곳.

호우주의보 때 **해안 지역**

- ☐ 해안 저지대 위험 지역의 경계 및 예찰 활동을 강화한다.
- ☐ 선박 출항을 통제하고, 조업 어선은 신속히 대피시킨다.
- ☐ 수산, 양식 시설물을 점검한다.
- ☐ 해안가 근처나 저지대에 있는 주민은 대피를 준비한다.
- ☐ 선박에 고무타이어를 충분히 부착한다.
- ☐ 어업 활동을 금지하고 선박을 단단히 고정한다.
- ☐ 가시설물을 철거하고 해수욕장 이용을 금지한다.

호우경보 때 **모든 지역**

- ☐ 상습 침수 지역이나 저지대 등 재해 위험지구의 주민은 대피한다.
- ☐ 전기설비 고장 시 수리를 금지한다.
- ☐ 모래주머니나 튜브 등을 이용해 물이 넘쳐 흐르는 것을 방지한다.
- ☐ 다리는 안전한지 확인한 후에 이용한다.
- ☐ 천둥 · 번개가 칠 경우 가로수 주변은 피하고 건물 안이나 낮은 곳으로 대피한다.
- ☐ 정전 시 사용 가능한 손전등을 준비해 둔다.
- ☐ 가족이나 이웃 간의 연락망을 점검하고 대피 방법을 확인한다.

호우경보 때 도시 지역

☐ 침수가 예상되는 건물의 지하 공간에는 주차를 금지한다.
☐ 지하에 거주하고 있는 주민은 대피한다.
☐ 고속도로를 이용하는 차량은 감속 운행한다.
☐ 침수가 예상되는 건물의 지하 공간은 영업을 중지하고 대피한다.
☐ 지하실 및 하수도 맨홀에 접근하지 않는다.
☐ 침수 도로 구간의 보행 및 접근을 금지한다.

호우경보 때 농촌 지역

☐ 산사태 위험이 있는 주택에 사는 경우 미리 대피한다.
☐ 농경지 침수 예방을 위해 모래주머니 등을 이용해 하천의 물이 넘치는 것을 방지한다.
☐ 농작물을 보호하고, 용 · 배수로를 수시로 점검한다.
☐ 논둑을 수시로 점검하고 물꼬를 조정한다.
☐ 산사태가 일어날 수 있는 비탈면 근처에 접근하지 않는다.
☐ 비닐하우스나 인삼재배시설 등을 단단히 고정하고 보강한다.

호우경보 때 해안 지역

☐ 해안가나 항구 등에 접근하지 않는다.
☐ 해안도로는 차량 운행을 통제한다.
☐ 해안가의 저지대 주민은 안전한 곳으로 대피한다.
☐ 선박을 단단히 고정하고 어망 · 어구 등을 안전한 곳으로 옮겨 놓는다.
☐ 선박 출항은 통제하고 선박을 안전하게 결박해 둔다.
☐ 조업 어선은 신속히 대피시킨다.

재난지식 노트

5대 기후계에 대해 기억해요!

날씨

맑음, 흐림, 눈이 옴, 비가 옴, 더위, 추위 등을 표현할 때 날씨라고 말한다. 보통 특정 시간대와 지역의 기압, 기온, 습도, 바람, 구름의 양, 구름의 형태, 강수량, 일조 등이 관측되는 기상 요소로, 이를 나타내는 종합적인 대기 현상이다.

기후

어떤 지역에서 규칙적으로 되풀이되는 일정 기간의 평균 기상 상황을 뜻한다. 기후는 장소에 따라 달라지지만, 같은 장소에서는 일정한 것이 보통이다. 그러나 기후도 수십 년 또는 수백 년이라는 긴 주기를 갖고 변해 간다. 세계기상기구에서는 30년 동안의 평균값을 기준으로 삼고 있으며, 대개 온도 · 강수량 및 바람과 같은 기상 요소들인 경우가 많다.

기후계

꼭 기억하자!

기후를 결정하는 데 크게 영향을 미치는 다섯 가지 다른 영역을 '5대 기후계'라고 한다. 5대 기후계는 지구를 둘러싸고 있는 대기권, 해양과 호수의 수권, 빙하로 덮인 빙하권, 지각 표층부의 암석권, 마지막으로 생물권이 있다.

5대 기후계

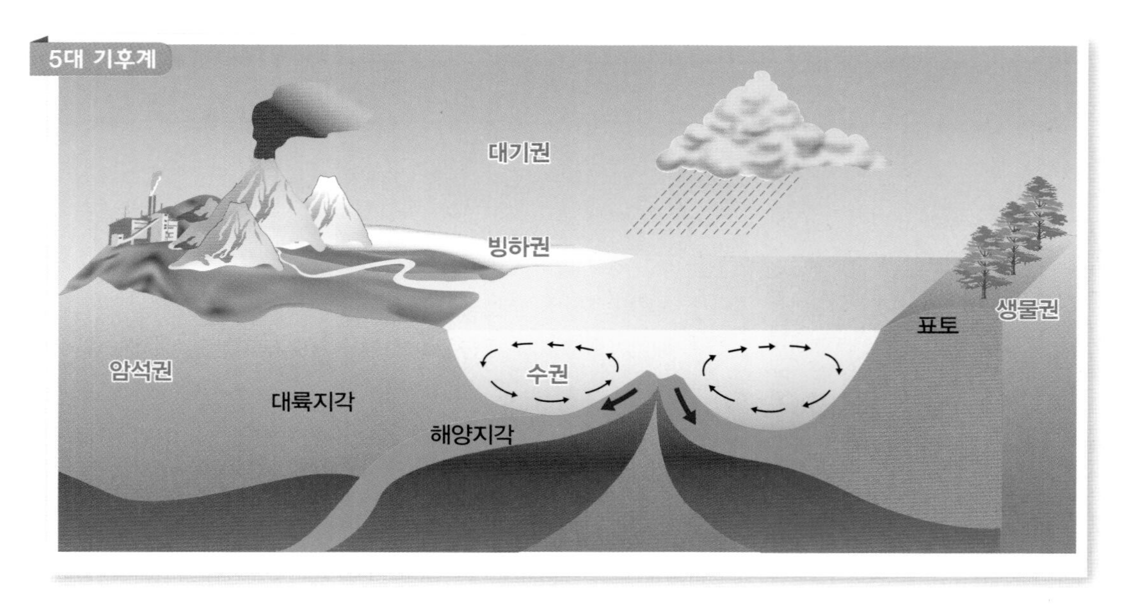

대기권(Atmosphere)

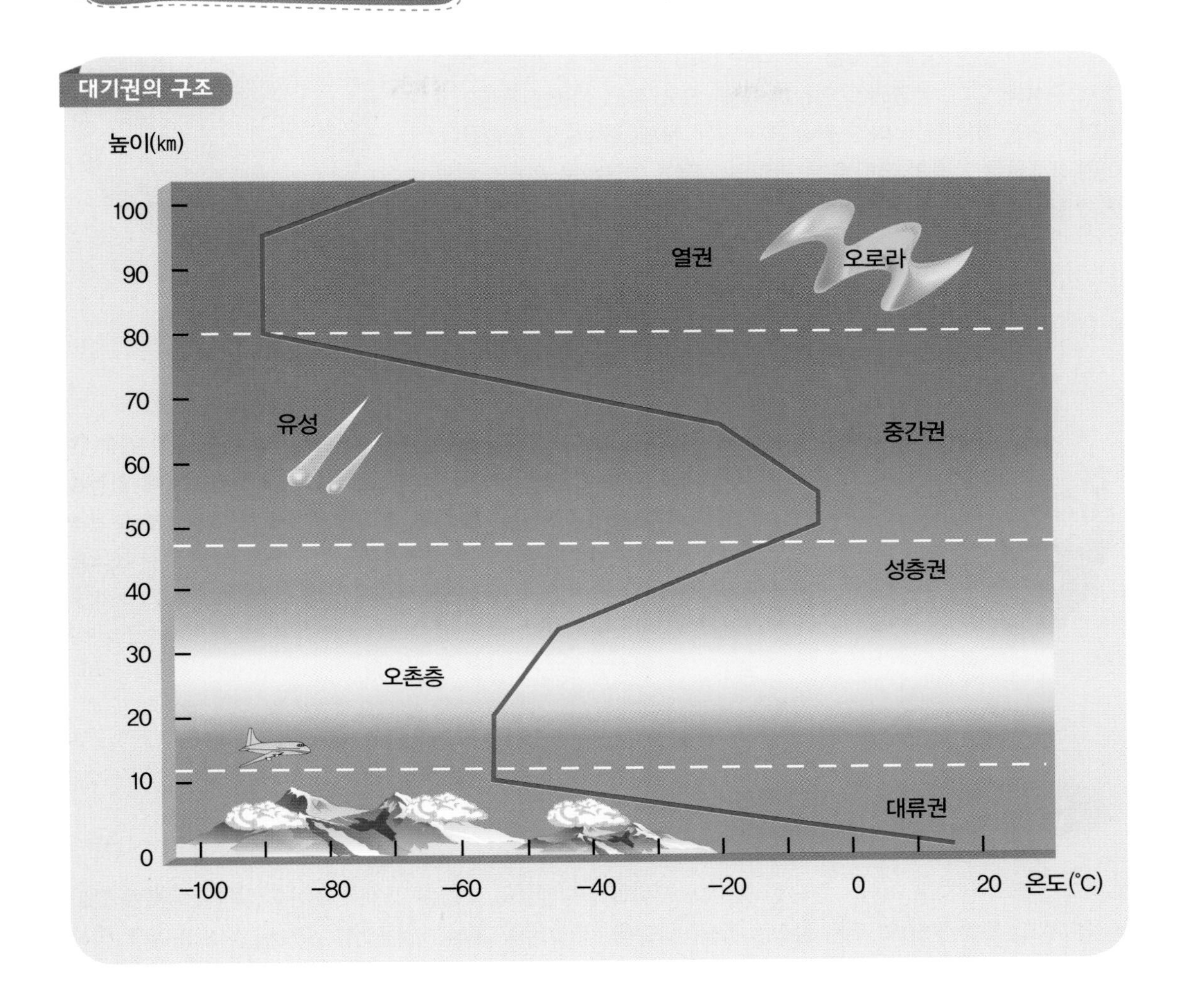

지구를 둘러싸고 있는 대기층으로 지상 1,000 ㎞까지를 말한다. 대기는 일반적으로 기온 분포에 따라 대류권, 성층권, 중간권, 열권 등으로 나눈다. 대기는 기체의 혼합체이고 순수한 공기에서 수증기를 제외한 모든 기체를 '건조 공기(dry air)'라고 하며, 수증기를 포함한 공기를 '습윤 공기(wet air)'라고 한다. 건조 공기의 성분은 지상 약 90 ㎞까지는 거의 일정하다. 주요 성분은 질소와 산소로써 전체 대기의 99 % 이상을 차지하고 있다. 나머지 기체로는 아르곤, 이산화탄소, 기타 기체로써 모두 합쳐 1 % 미만이다.

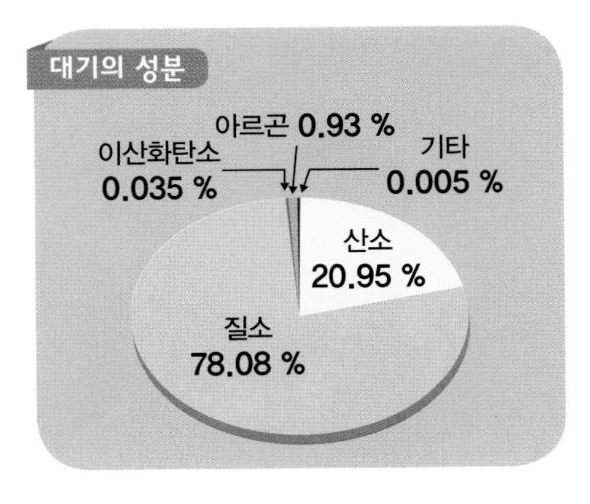

생물권(Biosphere)

지구에 살고 있는 생물 전체를 나타내는 말로 기권, 수권, 암권의 생태계로 구성돼 있다. 생물권은 인간과 동물, 크고 작은 생물은 물론이고 보이지 않는 미생물과 아직 분해되지 않은 사체(유기체)도 포함한다. 이런 생물들은 지구의 극히 얇은 과일의 껍질에 해당하는 지표면 부근에서 서식한다.

빙하권(Cryosphere)

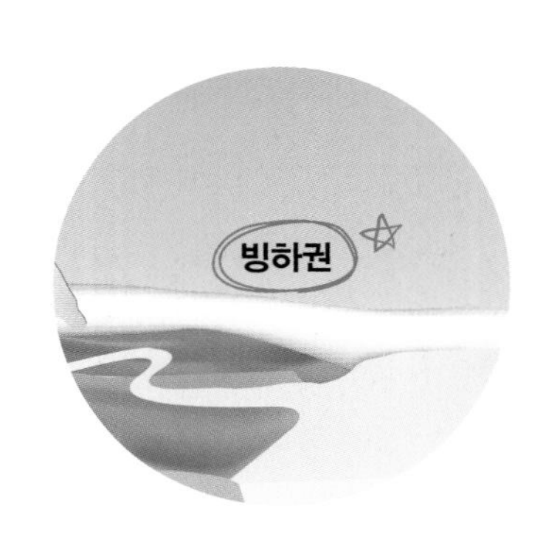

눈과 얼음으로 덮여 있는 빙체를 말한다. 빙하는 매우 중요한 기후 변화의 지표 가운데 하나로, 빙하의 성장과 붕괴는 자연 변화에 영향을 줄뿐 아니라 외부 요소들을 많이 변화시킨다. 무엇보다 얼음은 햇볕을 잘 반사해서 다른 육지에 비해 열을 적게 흡수하고, 그 지역의 온도를 많이 떨어뜨린다. 빙하와 해수면도 밀접한 관계가 있다. 빙하가 두꺼워지면 해수면이 낮아지고, 온도 상승으로 빙하가 녹게 되면 해수면이 상승해 기후 변화에 많은 영향을 주게 된다.

암석권(Lithosphere)

지각과 맨틀의 상부로 이뤄진 단단한 층이다. 지각과 상부맨틀을 포함해 약 100 ㎞이고 감람암질(橄欖岩質) 암석으로 돼 있다. 지각의 주된 원소는 칼륨 · 나트륨 · 마그네슘 · 칼슘 · 알루미늄 · 규소 · 산소 등이다. 암석권은 '리토스피어'라고 하는데 이는 '돌로 된 공'을 뜻하고, 20~30개가량의 구조판으로 돼 있다.

수권(Hydrosphere)

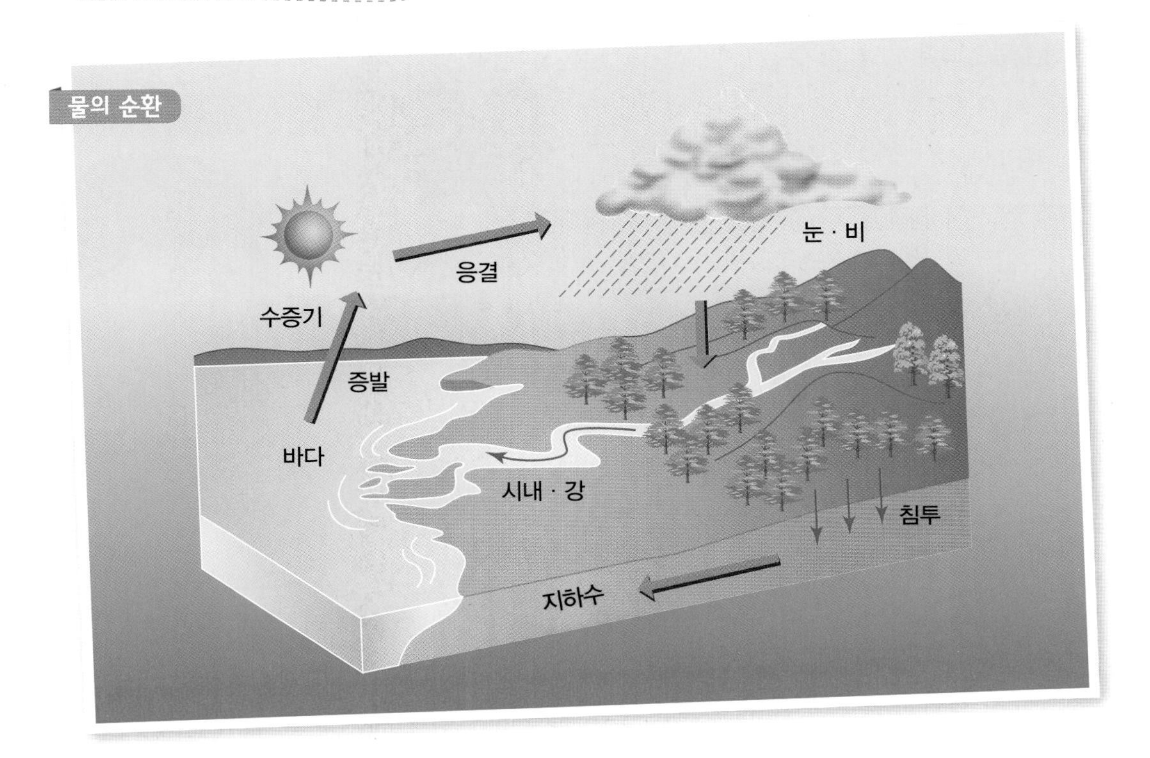

기후 시스템의 하나로 해수, 빙하, 지하수, 호수, 하천수를 모두 포함한다. 크게 염수와 담수로 나뉜다. 지구 표면의 71 %가 물로 덮여 있고 이 중 97.2 %가 해수이며, 담수는 2.8 %에 불과하다. 담수의 대부분은 빙하와 얼음(2.15 %)이고, 0.65 %만이 지하수, 호수, 강 등의 물과 대기 중의 수증기다. 육지에서 증발한 물이 공기 중에 수증기로 있다가 응결돼 구름으로 변한 뒤 비나 눈이 돼 바다나 육지로 되돌아오는 과정을 '물의 순환(hydrologic cycle)'이라고 부른다.

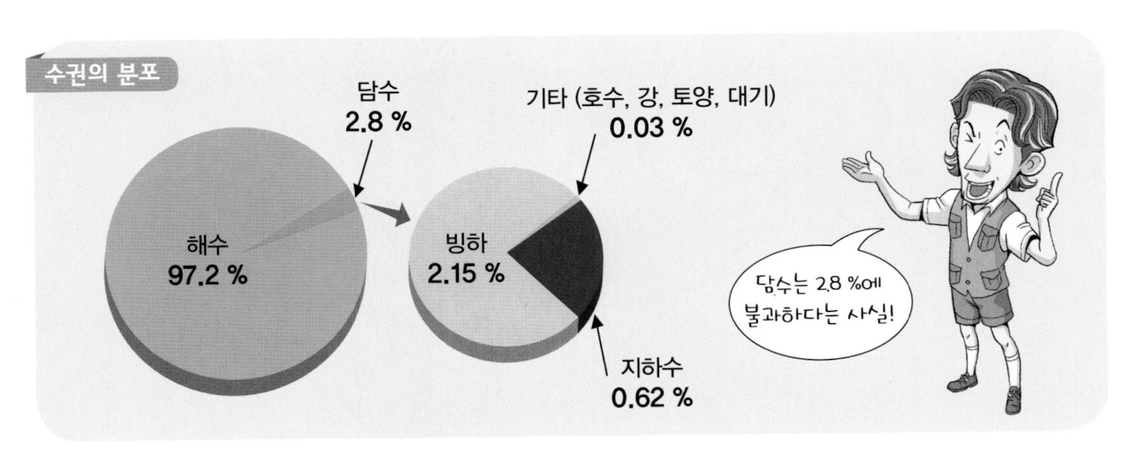

3-2 호우

호우가 진행 중일 때

톡
톡
톡

쏴아아아
갑자기 웬 날벼락이냐?
다 젖는다. 얼른 텐트 안으로 집어넣어!

쏴아아아
이 지역에 게릴라성 집중호우가 내리고 있나 봐!
뭐라고?

힝, 도착하자마자 짐 싸야 되나?
할 수 없지, 뭐. 어서 서두르자.
저기 좀 봐. 계곡 물이 갑자기 불어나더니 엄청 세졌어!
곧 넘칠 것 같아!
콰아악
출렁
출렁

저리로 건너야 내려갈 수 있는데 큰일이다!

지도에 보면 저 위쪽에 대피소가 있어.

좋아! 시간이 없으니 필요한 것만 챙기고 어서 가자!
쏴아아악

내 비싼 텐트.
지금 텐트가 문제냐?

쏴아아아

다리 아파 죽겠네. 아직 멀었어?
이제 얼마 안 남았어.
조금만 참아.

쏴아아아

저기 위로 가면 금방 갈 수 있겠다. 근데 위험하니까 그냥 돌아서 가자.
두둥

무슨 소리! 내가 산 좀 타잖아. 올라가서 밧줄 내려줄게!
안 돼. 위험할 텐데!
척

영차
영차
걱정하지 말라고. 이래 봬도 등산 동호회에서….

으악!
툭
아악

쿵

이런, 피가 많이 나네. 구급약 좀 줘봐.
응.
으윽

우르르
콰
광
쏴아아아아
쏴아아아

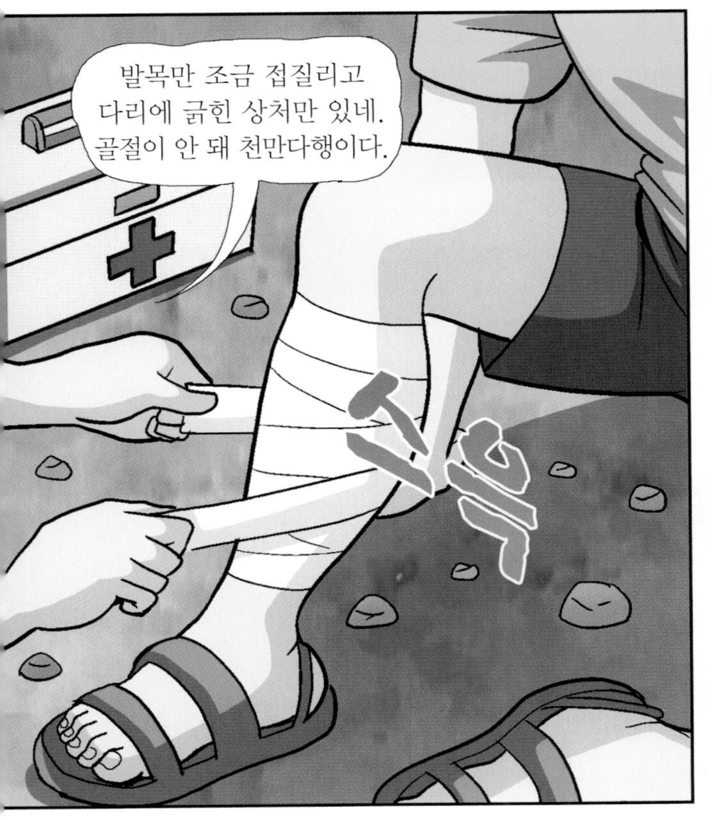
발목만 조금 접질리고
다리에 긁힌 상처만 있네.
골절이 안 돼 천만다행이다.
스윽

일어날 수 있겠어?
응.

자신만만하더니
꼴 좋다.
불난 집에
부채질하냐?

핸드폰은 어때?
신호가 안 잡혀….
지도 제대로 본 거 맞아?
힘들어 죽겠네.
두리번
두리번
이상하다. 이 근처에 있을 텐데….

저기 봐! 대피소가 있어!
대피소
척
후유~ 이제 살았다.
쏴아아아아

내 텐트는 어쩌나?
미련을 버려!
쏴아아아
탁
어서 가자! 구조대에 연락해서 우리 위치를 알려야겠다.
탁

재난대처방법 호우

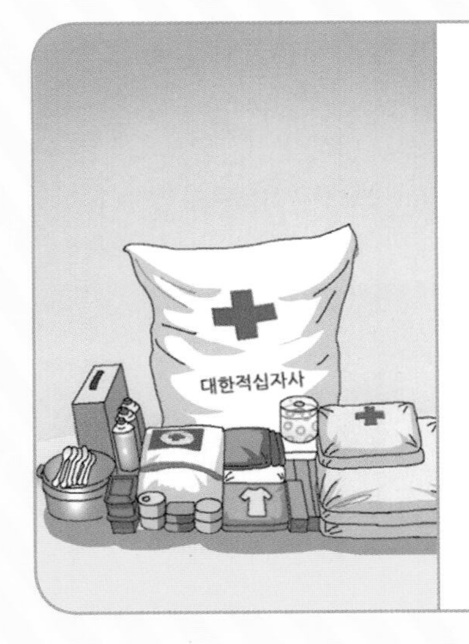

호우가 진행 중일 때 집에서

- ☐ TV, 라디오, 인터넷을 통해 기상예보 및 호우 상황을 수시로 확인한다.
- ☐ 천둥 · 번개가 치면 전기기구의 스위치를 끄고 콘센트를 분리한다.
- ☐ 긴급 상황이 발생하면 신속하게 대피한다.
- ☐ 욕조에 물을 저장해 상수도 오염에 대비한다.
- ☐ 대피할 때 가스 중간밸브뿐 아니라 계량기 옆의 메인밸브까지 잠근다.
- ☐ 가족이나 이웃, 행정기관과의 연락망을 수시로 확인한다.
- ☐ 수방자재 및 구호물자를 적극 활용한다.

호우가 진행 중일 때 길에서

- ☐ 천둥이나 번개가 칠 때는 우산을 쓰지 말고 전신주, 큰 나무 밑을 피해 큰 건물 안으로 대피한다.
- ☐ 조그만 다리나 개울이라도 건너지 말고 안전한 길을 이용한다.
- ☐ 침수 지역에서 불가피하게 이동해야 하는 경우 부유물 등을 이용한다.
- ☐ 고압전선, 전신주, 가로등, 신호등에 접근하거나 접촉하지 않는다.

호우가 진행 중일 때 도로에서

- ☐ 운행 중 호우에 따른 교통 정보를 청취한다.
- ☐ 물에 잠긴 도로나 잠수교는 차량 운행을 금지한다.
- ☐ 친숙한 도로를 이용하며 속도를 줄여 운행한다.
- ☐ 하천 등 물가 주변에 주차돼 있는 차량은 안전한 곳으로 이동한다.
- ☐ 침수된 지역에서 자동차 운행을 하지 않는다.
- ☐ 해안도로는 차량 운행을 통제한다.

호우가 진행 중일 때 **산에서**

- ☐ 비상 상황을 대비해 지정된 안전한 장소로 대피한다.
- ☐ 휴대용 랜턴, 라디오, 밧줄, 구급약품 등을 준비한다.
- ☐ 행정기관과 수시로 연락하며 권고에 따라 행동한다.
- ☐ 자만심을 부리거나 무리한 산행은 하지 않는다.
- ☐ 집중호우 시 나무 등을 걸쳐 놓은 임시 다리는 이용하지 않는다.

호우가 진행 중일 때 **강이나 계곡에서**

- ☐ 신속히 하산하거나 높은 지대로 대피한다.
- ☐ 기상관측에 잡히지 않는 게릴라성 집중호우에 유의한다.
- ☐ 물살이 거센 계곡은 절대로 건너지 않는다.
- ☐ 야영 중에 물이 급격히 불어날 때는 절대 물건에 미련을 두지 말고 신속히 대피한다.

호우가 멈춘 뒤 ❶

- ☐ 연약해진 제방이 붕괴될 수 있으니 제방 근처에는 접근하지 말고, 호우가 멈췄다고 해도 절대 방심하지 않는다.
- ☐ 파손된 전기시설은 손으로 만지지 말고 접근하지 않는다.
- ☐ 늘어진 고압선이나 전신주에 접근하지 않는다.
- ☐ 습기 찬 곳에서 가전도구를 건조하지 않는다.
- ☐ 몸이 물에 젖은 경우 깨끗이 샤워한다.

호우가 멈춘 뒤 ❷

- ☐ 파손된 상하수도나 도로가 있다면 시·군·구청이나 읍·면·동 사무소에 연락한다.
- ☐ 비상식수를 모두 마셨더라도 아무 물이나 마시지 말고, 물은 꼭 끓여 마신다.
- ☐ 전기, 가스, 수도시설에 손대지 말고 전문업체에 연락해 점검한 다음 사용하고 침수된 집안은 가스가 차 있을 수 있으니 환기한다.

재난지식 노트

호우의 종류와
호우 대비 방법을
기억해요!

호우의 정의

❶ 일반적으로 많은 비가 오는 것을 말하며, 강우 등과 같은 뜻으로 사용한다.

❷ 홍수 및 침수 등의 피해를 발생하게 하는 정도의 많은 비를 뜻한다.

❸ 짧은 시간 안에 좁은 지역에서 많은 비가 오는 것을 강우 또는 집중호우라고 하고, 반드시 짧은 시간에 한하지 않고 총강수량이 많은 것을 호우라고 한다.

❹ 한반도의 호우는 주로 여름철 장마전선 상에서 나타나는 경우가 많고 태풍이 올 때도 호우를 동반한다. 또 봄철에 발달한 저기압이 한반도를 통과할 때도 많은 비가 오는 경우가 많다.

호우의 발생과 특징

❶ 집중호우는 고온 다습한 북태평양 고기압과 차고 습한 오호츠크해 저기압이 충돌해 힘겨루기를 하는 동안 형성되는 적란운(뇌운)에 의해 발생한다.

❷ 장마전선이나 태풍, 저기압과 고기압 가장자리의 불안정에서 비롯되며, 발달한 적란운은 약 1,000~1,500만 톤의 물을 포함하고 있다.

❸ 오호츠크해 기단과 북태평양 기단이 밀고 당기면서 정체돼 넓은 구역에 비를 뿌린다.

❹ 한랭전선(찬 공기 성격이 강할 때)과 온난전선(더운 공기 세력이 강할 때) 형태가 번갈아가며 나타난다.

❺ 차가운 공기가 소규모로 접근해 북태평양 기단과 충돌한다.

❻ 8~10 ㎞의 소나기 구름(적란운)을 만들고 좁은 지역에 많은 비를 뿌린다.

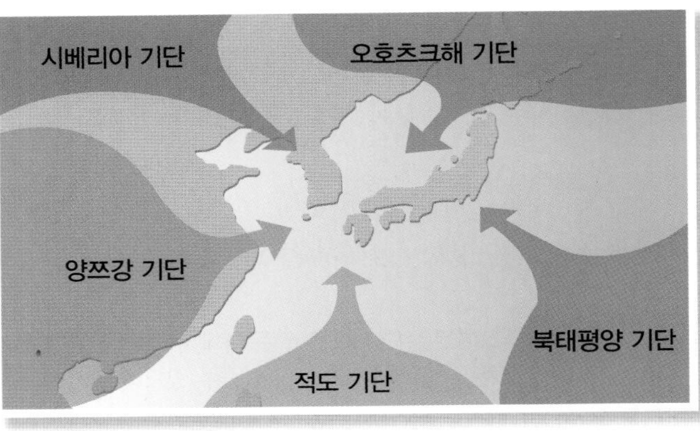

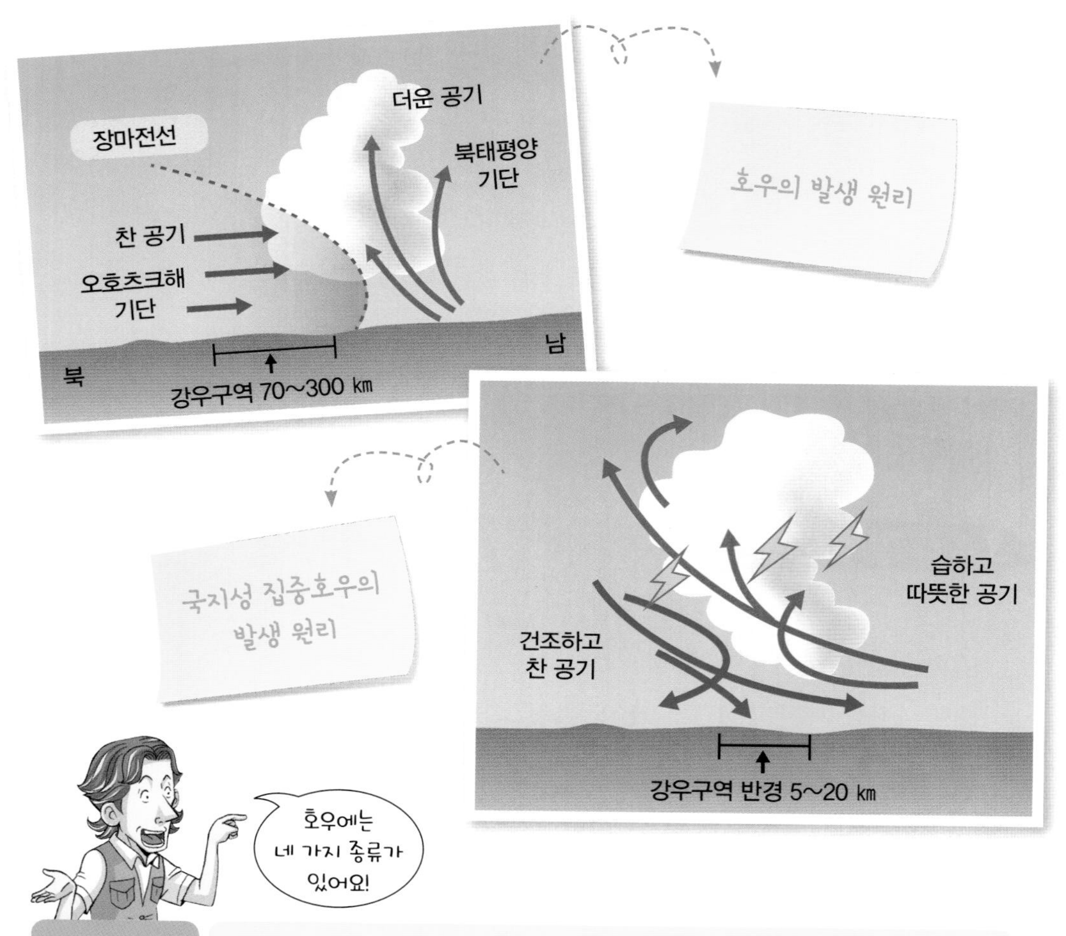

장마	대체로 여름철 우리나라에 북태평양 기단과 오호츠크해 기단이 만나 정체전선의 형태로 머물면서 오랫동안 비를 내리거나 흐린 날씨가 지속될 때.
집중호우	보통 한 시간에 30 ㎜ 이상이나 하루에 80 ㎜ 이상 또는 하루 강수량이 연 강수량의 10 % 이상의 비가 내릴 때.
국지성 집중호우	시간당 최고 80 ㎜ 이상의 비가 순식간에 직경 5 ㎞의 좁은 지역에 양동이로 퍼붓듯이 쏟아질 때.
게릴라성 집중호우	오랜 기간 빠른 속도로 비구름대를 진행시키며 동시다발적으로 넓은 지역에 비가 내릴 때.

기상특보 발표 기준

	주의보	경보
호우	6시간 강수량이 70 ㎜ 이상 예상되거나 12시간 강수량이 110 ㎜ 이상 예상될 때	6시간 강수량이 110 ㎜ 이상 예상되거나 12시간 강수량이 180 ㎜ 이상 예상될 때

호우 대비

꼭 기억하자!

❶ TV, 라디오, 인터넷을 통해 호우 정보를 알아둔다.

❷ 집 주변의 하수구, 배수구, 빗물받이 등을 점검하고 정비한다.

❸ 생필품인 비상식량, 식수, 응급약품, 손전등 등을 미리 준비해 둔다.

❹ 지붕이나 벽의 틈새로 빗물이 새는 곳이 있는지 점검하고 정비한다.

❺ 빗물받이 덮개를 제거하고 주변을 점검한다.

❻ 거주 지역이 상습 침수 지역이나 저지대에 위치해 있는지 미리 확인한다.

❼ 상습 침수 지역이나 저지대에 거주하는 주민은 피난 가능한 대피소와 대피로를 미리 알아둔다.

❽ 비상시 대처 방법을 미리 알아두고 비상연락망을 만들어 놓는다.

4
홍수

2011년 7월 27일 천둥, 번개를 동반한 물 폭탄이 수도권을 중심으로 퍼붓기 시작했다.
쏴아아아아

그날 오후 1시 30분경 경기도 광주 초월읍 삼육재활병원.
쏴아아아아
삼육재활병원

기록적인 폭우가 쏟아지면서 흙탕물이 엄청난 속도로 곤지암천으로 흘러들었다.
츄아아아악

세상에! 곤지암천이 범람하고 있습니다!
물이 밀려와요!
모두 안으로 빨리 피하세요!
척
화악
타다다다닥

파악
응급 출동
응급 출동
츄악
어른 키보다 높은 물살은 주차장에 주차돼 있던 구급차와 승용차를 집어 삼켰다.
물살이 어찌나 거센지 승용차들이 뒤로 힘없이 밀려가고 뒤집힐 정도였다.
촤아아악
긴박한 상황 속에서 직원들은 침착하게 환자들을 대피시켰다.
줄을 서서 위로 올라가세요!
밀지 마시고, 모두 위층으로 대피하세요!
웅성
웅성
웅성

아니, 이게 뭐야?
완전 흙탕물이잖아.
줄을 서서 위로
올라가세요!
철썩

물이 들어와요!
우리 손자들도
못 보고 죽으면
어떡해!
글썽
글썽

걱정 마세요.
우린 꼭 살 수
있어요. 괜찮아요.

뛰지 말고 모두 천천히
위로 올라가세요!
타닥
타닥

물이 병원 안으로 빠르게 들어왔지만 1층에 있던 사람들은 위층으로 신속히 대피했다. 그러나 샤워장에서 씻고 있던 60대 노인은 빠져나오지 못해 숨졌다.

샤워장

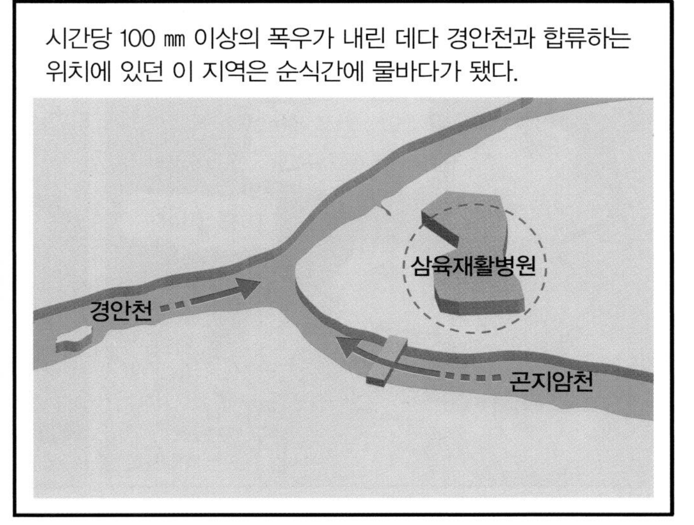

2, 3층으로 대피한 직원들과 환자들은 갑작스러운 정전으로 두려움에 떨어야만 했다.
악, 깜깜해! 너무 무서워요.
이를 어째!
으앙

걱정하지 마세요. 그냥 정전입니다.
간호사는 다친 사람이 없는지 잘 살펴 보세요.

어! 헬기가 도착했나 봐요!
이제 살았다!

마침내 구조 헬기가 도착했다. 하지만 착륙할 곳이 없어서인지 상공만 맴돌았다.
두 두 두 두

119 구조대가 때마침 도착했고, 당장 치료가 급한 중환자는 고무보트에 태워 근처 병원으로 이송했다.
촤악
촤악

이렇게 재활병원을 덮친 물은 3시간이 지난 오후 4시 무렵 빠지기 시작했다. 하지만….

어떻게 이럴 수가….
저희 이제 어떡해요.

!!
건물 주차장에 있던 차들은 장난감처럼 서로 뒤엉켰고 진흙탕으로 뒤덮인 병원은 말할 수 없이 처참했다.
두둥

물이 빠지면서 구조대가 투입됐고 구조대와 직원들이 힘을 모아 노인과 환자들을 대피시켰다.
이쪽으로 이동해
삐뽀
삐뽀
웅성
웅성
도와주세요
타다닥

재활병원은 전에도 수해를 입은 적이 있어 병원 앞에 1.5 m 높이의 제방을 설치했었다.

그러나 이번의 엄청난 폭우에는 이 제방도 사실상 아무 소용없었다.

재활병원에서 가장 많이 피해를 본 곳은 비싼 장비가 있는 1층이었다. CT촬영기, 내시경 검사기, X선 촬영기, 초음파 검사기 등 25억 원 정도의 각종 검사 장비가 고스란히 물에 잠겼다. 통증 치료기, 체외충격흡수기 등 물리 치료 장비 50여 종도 쓸모없게 돼 버렸다.

영화에서 나올 법한 이야기지만, 실제 2011년 7월에 일어난 사건입니다.
엄청난 폭우로 생사를 넘나드는 위험한 상황이 생겼고 전체 피해액만 120억 원에 달했죠. 하지만 직원들의 빠른 판단력과 침착한 대응으로 대규모 인명 피해를 막을 수 있었습니다.
응급 출동
응급 출동

재난대처방법 홍수

홍수주의보 및 경보 때 모든 지역 ❶

- □ TV, 라디오, 인터넷을 통해 기상 상황을 수시로 확인한다.
- □ 상습 침수 지역이나 저지대 등 재해위험지구에 사는 주민은 대피한다.
- □ 물에 떠내려갈 위험이 있는 물건은 안전한 장소로 옮기고, 단단히 고정해 둔다.
- □ 피해가 예상되는 지역의 주민은 대피 준비를 하고, 물이 집 안으로 들어오는 것을 막기 위한 모래주머니나 튜브 등을 준비한다.
- □ 외출을 삼가고 특히 어린이나 노약자는 집 안에 머무른다.

홍수주의보 및 경보 때 모든 지역 ❷

- □ 상수도가 오염되거나 공급이 차단될 경우를 대비해 욕조에 물을 저장한다.
- □ 대피 시 수도, 가스, 전기는 완전히 차단한다.
- □ 하천의 물이 갑자기 불어나는지 주의 깊게 관찰한다.
- □ 홍수에 의해 밀려온 물에 가까이 가지 않도록 주의한다.
- □ 자동차의 연료를 확인하고 충분히 확보해 비상 상황에 대비한다.

홍수주의보 및 경보 때 도시 지역

- □ 침수가 예상되는 건물의 지하 공간에는 주차를 금지하고 지하에 거주하고 있는 주민은 대피한다.
- □ 침수가 예상되는 건물의 지하 공간은 영업을 중지하고 대피한다.
- □ 침수 도로 구간에는 접근하지 않는다.

홍수주의보 및 경보 때 **농촌 지역**

- ☐ 농경지의 용 · 배수로를 정비하고 논둑 역시 미리 점검하고 물꼬를 조정한다.
- ☐ 농경지 침수 예방을 위해 모래주머니 등을 이용해 하천의 물이 넘치는 것을 방지한다.
- ☐ 산사태가 일어나지 않을지 살피고 주민들은 대피를 준비한다.
- ☐ 농기계나 가축 등을 안전한 장소로 이동시키고 소하천 및 간이 취입보 등을 점검한다.

홍수주의보 및 경보 때 **해안 지역**

- ☐ 해안가 근처나 저지대에 있는 주민은 대피를 준비하고, 해안 시설물을 수시로 점검하고 정비한다.
- ☐ 해안 저지대 위험 지역의 경계 및 예찰 활동을 강화하고 수산, 양식 시설물을 점검한다.
- ☐ 해안가 위험 축대 등의 시설물을 임시 철거하거나 점검한다.

홍수가 진행 중일 때 **집에서**

- ☐ TV, 라디오, 인터넷을 통해 기상예보 및 홍수 상황을 수시로 확인하고 가족이나 이웃, 행정기관과의 연락망을 수시로 확인한다.
- ☐ 돌발적인 홍수에 대비하고 홍수가 발생할 가능성이 있을 경우 고지대로 신속히 대피한다.
- ☐ 집의 담에 모래주머니를 쌓으면 물은 지하로 침투하고 지하의 수압이 상승해 건물의 기초를 뜨게 만들어 위험하니 조심한다.

홍수가 진행 중일 때 **강이나 계곡에서**

- ☐ 물살이 거센 계곡은 절대 건너지 않는다.
- ☐ 야영 중에 급격히 물이 불어날 때는 절대 물건에 미련을 두지 말고 신속히 대피한다.
- ☐ 낚시를 하고 있는 사람은 안전지대로 신속히 대피한다.

홍수가 진행 중일 때 길에서

- ☐ 홍수로 불어난 물, 조그만 다리나 개울에도 접근하지 않는다.
- ☐ 15 ㎝ 깊이로 흐르는 물이라도 넘어질 수 있다. 반드시 물에 들어가야 한다면 물의 흐름이 없는 곳으로 이동한다. 또 막대기를 이용해 진행하고자 하는 곳의 안전을 확인한다.
- ☐ 침수 지역에서 불가피하게 이동해야 하는 경우 부유물 등을 이용한다.
- ☐ 고압전선, 전신주, 가로등, 신호등에 접근하거나 접촉하지 않는다.

홍수가 진행 중일 때 도로에서

- ☐ 운행 중 홍수에 따른 교통 정보를 청취하고, 물에 잠긴 도로나 잠수교는 차량 운행을 하지 않는다.
- ☐ 차 주위에 물이 몰려오면 차를 포기하고 고지대로 대피한다.
- ☐ 하천변과 해안도로에는 접근하지 않는다.
- ☐ 물에 잠겨 차량의 시동이 꺼졌을 경우 다시 시동을 걸지 않는다.

홍수가 진행 중일 때 공사장에서

- ☐ 작업을 중지하고 떠내려가거나 파손될 우려가 있는 기자재들은 안전한 곳으로 옮겨 놓는다.
- ☐ 굴착한 웅덩이에 물이 들어가는지, 무너질 염려가 없는지 확인하고 보강 시설 등의 안전 대책을 강구한다.
- ☐ 하천을 횡단하는 공사장에서는 상류 지역의 강수량을 지속적으로 파악해 수위 상승에 대비하고, 차량을 통제한다.

홍수가 멈춘 뒤 ❶

- ☐ 물이 빠져나가고 있을 때는 기름이나 오수로 오염된 경우가 많으므로 물에 접근하지 않는다.
- ☐ 흐르는 물에서는 약 15 ㎝ 깊이의 물에도 휩쓸려갈 수 있고, 홍수가 지나간 지역은 도로가 약해져 무너질 수 있으므로 주의한다.
- ☐ 물에 젖었던 가스보일러는 반드시 점검을 받은 뒤 사용한다.

홍수가 멈춘 뒤 ❷

- ☐ 사유 시설 등을 보수 · 복구할 때는 반드시 사진을 촬영한다.
- ☐ 집에 도착한 뒤에는 바로 들어가지 말고 붕괴 가능성을 반드시 점검한다.
- ☐ 제방이 붕괴될 수 있으므로 제방 근처에는 가지 않는다.
- ☐ 고압전선, 전신주, 가로등, 신호등에 접근하거나 접촉하지 않는다.
- ☐ 홍수로 밀려온 물에 몸이 젖은 경우 비누를 이용해 깨끗이 씻는다.
- ☐ 습기가 찬 곳에서 가전도구를 건조하지 않는다.

홍수가 멈춘 뒤 ❸

- ☐ 가스가 새어 축적돼 있을 수 있으므로 집안에 들어가면 성냥불이나 라이터 불을 사용하지 말고 창문을 열어 환기한다.
- ☐ 하천제방 및 축대 붕괴, 산사태 발생 등의 우려가 있으므로 주의한다.
- ☐ 침투된 오염물에 의해 침수된 음식이나 재료를 먹거나 요리 재료로 사용하지 않는다.
- ☐ 전선이 떨어진 지역을 조심하며, 이러한 지역을 발견한 경우에는 즉시 관련 기관에 신고한다.
- ☐ 수돗물이나 저장식수도 오염 여부를 조사한 뒤에 사용한다.

홍수 예방 대책

- ☐ 계획적인 임지(林地)나 초지(草地) 조성 등의 항구적인 대책을 세운다.
- ☐ 강폭을 넓혀 홍수량을 감당할 수 있도록 하거나 홍수량을 조절해 강폭이 감당할 수 있을 만큼의 유량(流量)을 흘려 보낸다.
- ☐ 상류나 중류에 댐을 만들어 물을 저장한다.
- ☐ 중류나 하류의 적당한 곳에 유수지를 만들어 여기에 홍수의 *첨두유량을 일시적으로 수용한다.
- ☐ 방수로를 설치해 물의 흐름을 두 갈래로 분산한다.
- ☐ 홍수예보를 이용해 응급조치를 취한다.

*첨두유량 유량 곡선을 작성했을 때 가장 높은 지점.

재난지식 노트

홍수의 발생 과정을 알고 대비 방법을 기억해요!

홍수의 정의

강이나 하천의 물이 범람해 주변 지역에 물에 의한 피해를 입히는 재해.

홍수의 발생

❶ 홍수는 짧은 기간의 집중호우나 오랜 기간 지속적으로 내리는 강우의 결과로 발생한다. 봄에 기온이 급격히 상승해 겨울철에 쌓였던 눈이 일시에 녹을 때도 발생한다.

❷ 우리나라의 경우 우기에 해당하는 3개월(7~9월) 간의 강수량은 약 720 ㎜로 연간 강수량의 약 60 %를 차지한다. 여름철 강우는 장마전선이 정체할 때, 온대성저기압이 이동해 올 때, 태풍이 올 때 많이 발생한다. 특히 피해가 큰 홍수는 태풍과 관련이 있다.

홍수의 발생 과정

◉ 하천의 종류

하천은 대표적으로 사행하천, 망사하천, 암반하천의 세 종류로 나눌 수 있다.

(1) 사행하천

뱀이 기어간 것처럼 보이는 강줄기로 곡류라고도 한다. 사행하천은 평야와 넓은 계곡 바닥에서 발달하는 자유 곡류, 깊은 골짜기를 형성하는 감입 곡류로 구분한다. 자유 곡류에서는 퇴적과 침식이 활발해 우각호가 생긴다. 홍수 때는 물이 흘러넘치기 쉬우므로 주변 농토나 도시 지역에 피해를 준다.

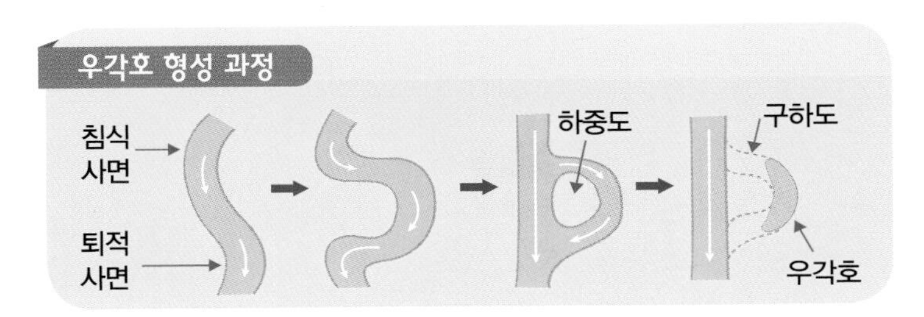

(2) 망사하천

넓은 한 개의 큰 하천 속에 소하천들이 서로 복잡하게 엉켜 있는 형태의 하천을 말한다. 홍수가 발생했을 때는 범람해 망사하천의 경계가 없어진다.

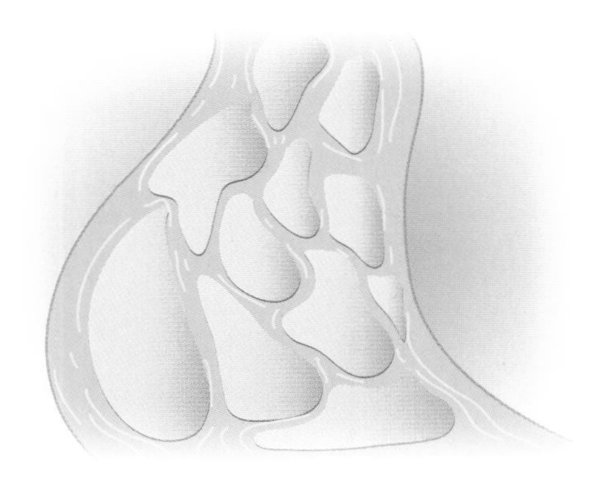

(3) 암반하천

암반으로 이뤄진 하천으로 격렬한 난류와 소용돌이를 형성한다.

◉ 홍수에 영향을 미치는 하천

하천은 강수량에 따라 홍수 발생에 큰 영향을 미치는데 폭우 시 유입 하천 지역에서는 표면 유량에 지하수량을 합한 하천 유출량이 발생한다. 그리고 건조지대의 유출 하천은 유수가 흐를 때 모두 지하수를 공급한다.

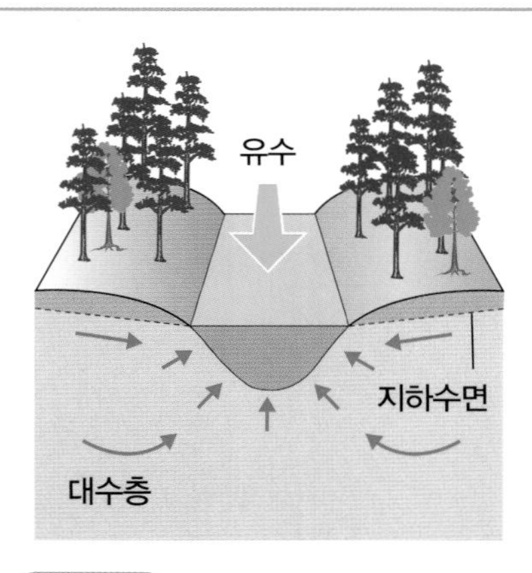

유입 하천

평균 강수량이 많은 지역에 지하수가 하천으로 흘러 들어가는 하천.

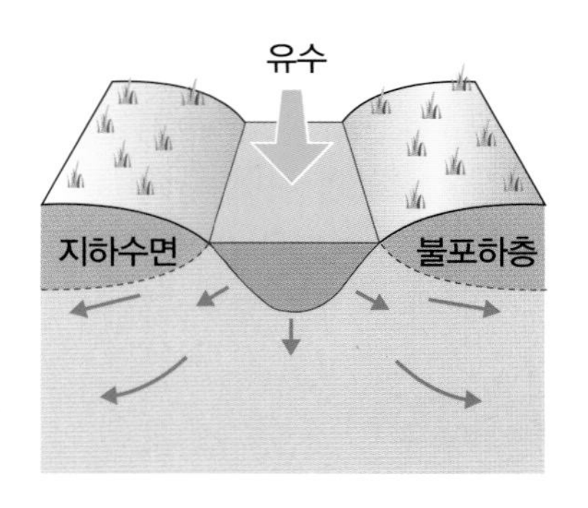

유출 하천

건조지대에서 하천이 지하수를 공급하는 하천.

◉ 홍수의 발생 과정

만약 산마루 쪽에 폭우가 내린다면 수로까지 도달하는 시간이 짧고 폭우 시 여러 개의 1등급 하천은 물이 불어나 홍수를 일으킬 수 있다.

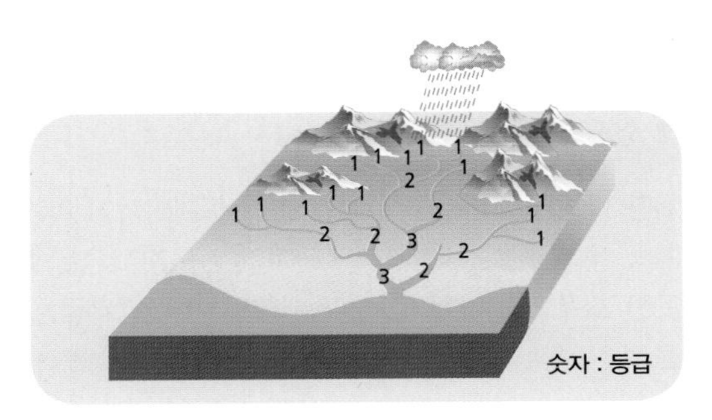

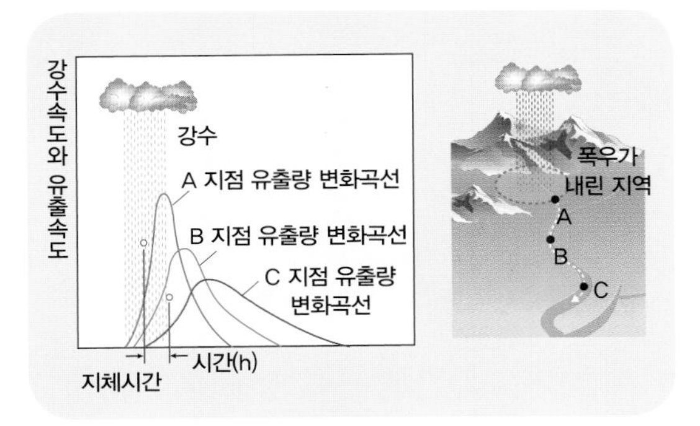

왼쪽의 그림을 보면 강수 지역에서 가장 가까운 A 지점이 홍수 *하이드로그래프가 가장 높고 좁다. 그리고 A ⇨ C 하류로 갈수록 홍수 지속 시간이 길어지고 최고 높이는 낮아진다.

홍수의 피해를 줄이기 위해 하천에 제방을 쌓는다. 하지만 제방 내의 하천은 수심이 깊고 유속이 빨라 제방이 없거나 낮은 지역으로 흘러갈 때는 범람할 위험이 있다.

*하이드로그래프 하천의 유량을 시간적 변화에 따라 표시하는 곡선. 최고 수위와 최대 유량을 분석하는 도표다.

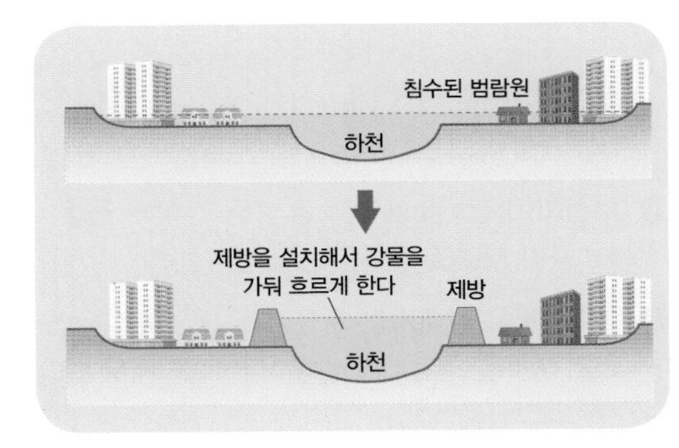

◉ 이상 기온의 영향

최근 세계 곳곳에 이상 기온과 집중호우로 돌발 홍수가 잦아지고 있다. 특히 우리나라는 평균 기온이 전 세계 평균 기온 상승에 비하면 훨씬 큰 상승세를 보이고 있다. 기온이 높아지면서 대기 중의 수증기 양이 증가해 특정 지역에 많은 양의 수증기가 유입되고, 이때 대규모 집중호우가 발생할 가능성도 커진 것이다.

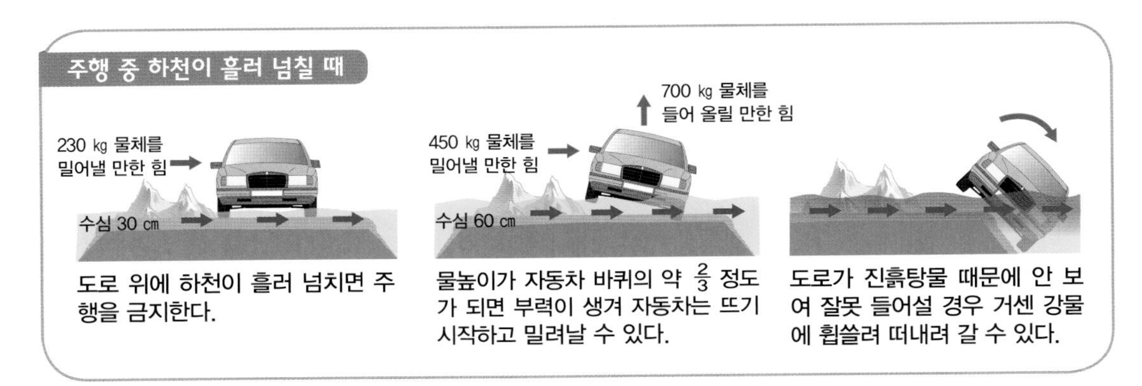

도로 위에 하천이 흘러 넘치면 주행을 금지한다.

물높이가 자동차 바퀴의 약 $\frac{2}{3}$ 정도가 되면 부력이 생겨 자동차는 뜨기 시작하고 밀려날 수 있다.

도로가 진흙탕물 때문에 안 보여 잘못 들어설 경우 거센 강물에 휩쓸려 떠내려 갈 수 있다.

◉ 홍수의 피해를 줄이는 강우레이더

최근 들어 빈발하는 이상기후 현상에 대비하기 위해 우리나라도 2001년부터 강우레이더가 설치됐고, 지금도 계속 늘어나는 추세다. 강우레이더란 국지적 집중호우가 발생할 때 기존의 지상 우량계 관측망이 예측하지 못한 소규모의 하천 및 산악 지역의 면적 강우량을 산출하고, 단시간 내에 발생할 강우를 예측하는 강우 측정 레이더다. 집중호우 피해를 미리 대비할 수 있다.

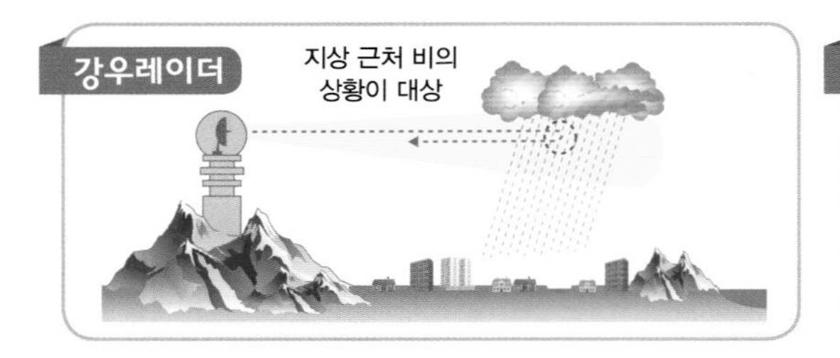

홍수의 특징

❶ 하천의 중상류부에 다목적댐을 건설해 물을 저장함으로써 하류부 홍수량을 감소시키고 농경지와 도시, 공업 시설에 용수를 공급한다.

❷ 홍수 때 유수(流水)는 큰 파괴력을 갖고 있어 큰 재해를 일으키지만, 나일강과 같이 유기물을 운반해 와서 비옥한 농경지를 만들어 주는 이점도 있다.

홍수 대비

☆ 꼭 기억하자!

❶ 홍수 피해가 예상되는 지역의 주민은 TV, 라디오, 인터넷을 통해 기상 정보를 알아둔다.

❷ 무너지거나 물이 샐 곳이 없는지 점검하고, 우물은 오염될 수 있으니 마실 물은 미리 준비한다.

❸ 집 주변의 하수구, 배수구 등을 점검하고 정비한다.

❹ 오래된 축대나 담장은 넘어질 우려가 없는지 미리 점검하고 정비한다.

❺ 위험한 곳은 표지판을 설치한다.

❻ 비상 상황을 대비해 양수기, 손전등, 비상식량, 식수 등을 미리 준비해 둔다.

❼ 거주 지역이 상습 침수 지역이거나 저지대, 하천 범람 우려 지역 등에 위치해 있는지 미리 확인한다.

❽ 피난 가능한 대피소와 대피로를 미리 알아둔다.

❾ 헬기장을 반드시 알아두고 전화, 확성기 등의 통신수단을 준비한다.

❿ 가까운 행정기관의 전화번호는 온가족이 알 수 있는 곳에 둔다.

역대 홍수 사망자

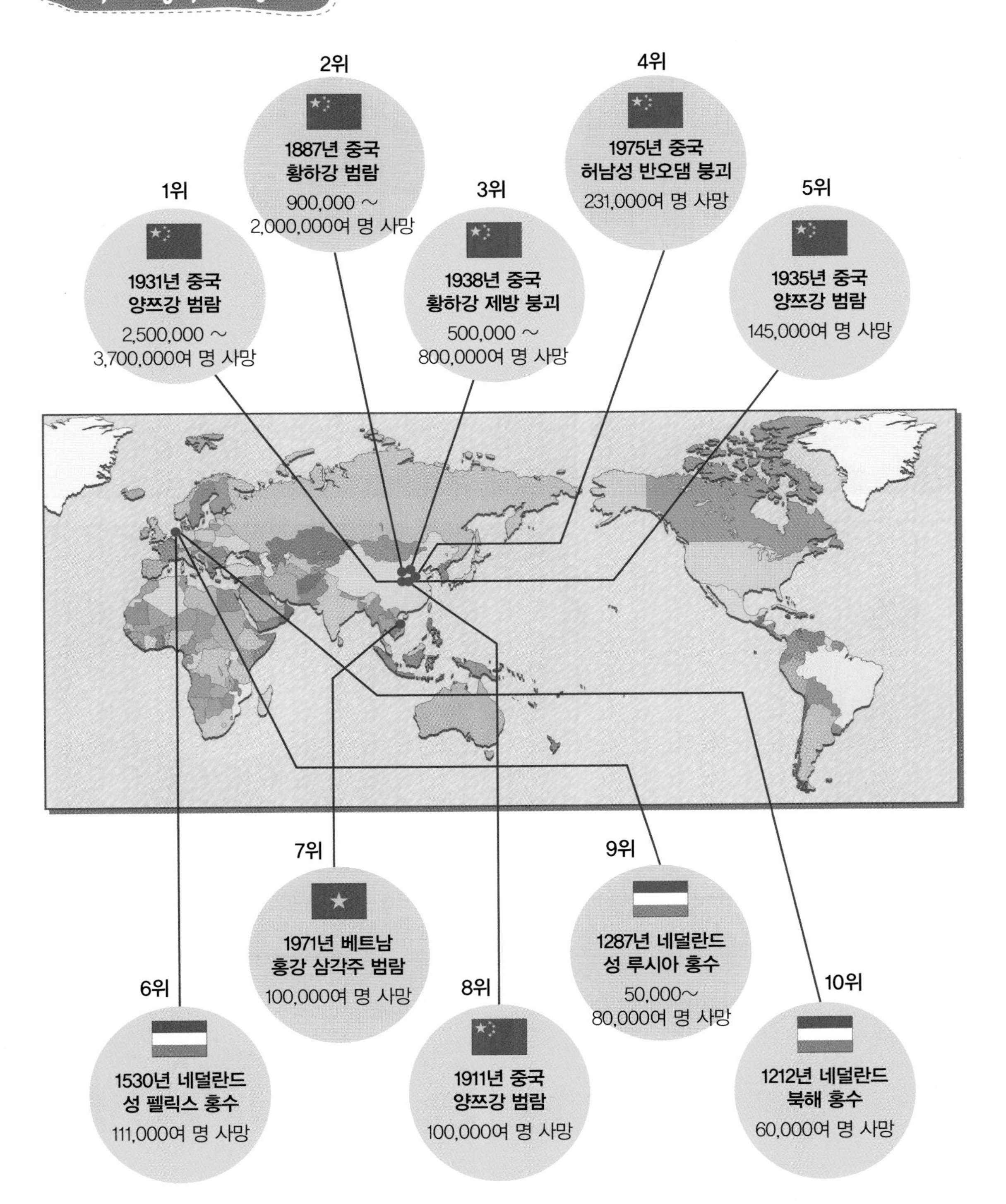

1위
1931년 중국
양쯔강 범람
2,500,000 ~
3,700,000여 명 사망
2위
1887년 중국
황하강 범람
900,000 ~
2,000,000여 명 사망
3위
1938년 중국
황하강 제방 붕괴
500,000 ~
800,000여 명 사망
4위
1975년 중국
허난성 반오댐 붕괴
231,000여 명 사망
5위
1935년 중국
양쯔강 범람
145,000여 명 사망
6위
1530년 네덜란드
성 펠릭스 홍수
111,000여 명 사망
7위
1971년 베트남
홍강 삼각주 범람
100,000여 명 사망
8위
1911년 중국
양쯔강 범람
100,000여 명 사망
9위
1287년 네덜란드
성 루시아 홍수
50,000~
80,000여 명 사망
10위
1212년 네덜란드
북해 홍수
60,000여 명 사망

5
낙뢰

한국재난안전기술원 산악회

힘들게 올라왔지만 역시 정상에서 바라보는 경치는 정말 아름답군!
우리나라도 아픈 재난 사고들을 딛고 일어서서 문제를 확실하게 고친다면 나중에는 좋은 결과가 있을 거야.

어! 날씨가 갑자기 안 좋아지네.
송 박사님, 날씨가 심상치 않네요. 지금 내려가야 할 것 같습니다.
휙
척

그러지. 여기 올라온 사람들도 어서 내려가라고 해야겠네.
네, 알겠습니다.

여러분, 곧 낙뢰가 칠 위험이 있습니다.
낙뢰가 치면 이곳은 매우 위험하니 모두 아래로 내려가 주세요.
와~ 비행기다!
스윽

번쩍
콰르릉
으악! 저게 뭐야!

엄마, 비행기가 벼락에 맞았어요!
어떡해요!
걱정하지 말렴. 비행기는 낙뢰에 맞아도 끄떡없단다.

낙뢰에 맞아 비행체 표면으로 흘러가는 10억 볼트의 전류는 날개 끝에서 공중으로 다시 흩어지게 돼 있어 안에 있는 사람은 안전하다. 이걸 패러데이의 '새장 효과'라고 한다.
엘리베이터에서 휴대전화가 안 되는 이유도 금속에 둘러싸여 전기장이 0이 돼서 그렇다.
이제 그 이유를 알겠지?
참, 이럴 때가 아니지. 어서 내려가렴.
네, 감사합니다!
모두 어서 내려가세요!
이보세요, 그럴 시간이 없어요!
낙뢰를 발생시키는 적란운이 몰려오고 있다고요!

적란운 생성 과정

- 적란운은 천둥, 번개, 즉 뇌방전을 발생시키는 가장 보편적인 구름이다.
- 적란운은 전기로 충전돼 있다. 대체로 상단부는 양전하를 띤 얼음결정을 이루고, 하단부는 음전하를 띤 물방울로 구성돼 있다.
- 적란운 속에 있는 전하가 축적되면서 불꽃 방전이 일어나 낙뢰가 자주 나타나며 강한 소나기가 내린다.

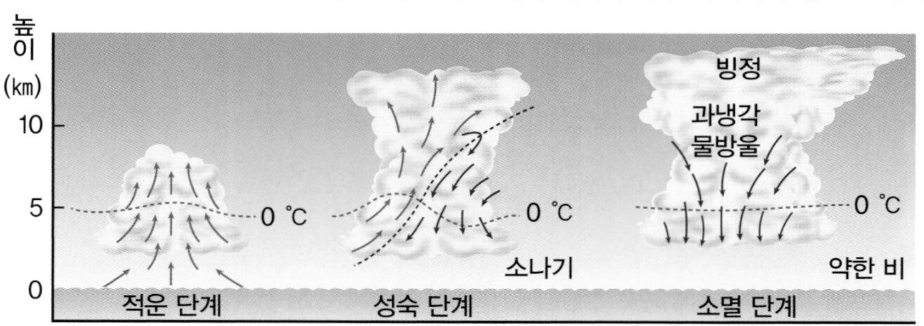

낙뢰 발생 전 징후

머리카락이 쭈뼛거리며 곤두선다.

매미가 우는 듯한 소리가 들린다.

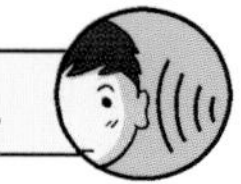

피부에 거미줄이 닿은 듯한 느낌이 든다.

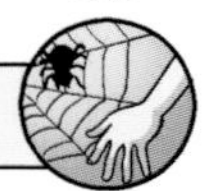

등산 사고 응급처치 요령

1. 산행 중 부상자가 발생하면 119로 신고한다.

2. 119와 연결되면 상담자에게 다음 사항을 전달한다.

정확한 사고 발생 장소

부상자의 상태 및 부상자 수

사고 정황과 응급처치 상황

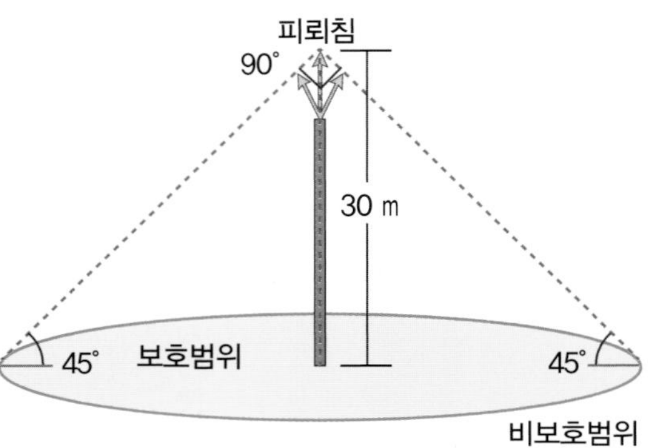

회전구체법(Rolling Sphere Method)에 의해 뇌격 보호범위를 규정

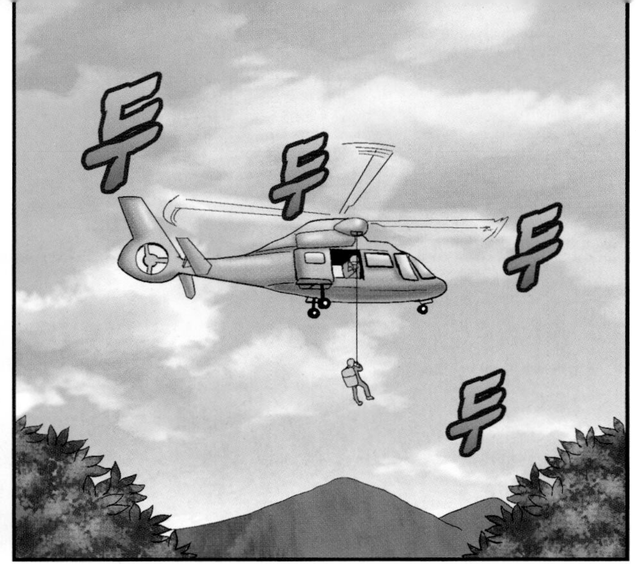
두
두
두
두

산에서 낙뢰 사고를 당한 두 사람은 결국 사망하고 말았다.

두 두 두
두
내가 좀 더 강하게 말렸다면 이렇게까지 되지는 않았을 텐데….
박사님께서는 최선을 다 하셨어요. 어쩔 수 없는 상황이었잖아요.

크윽
우리도 그만 내려갑시다.
치이이익

재난뉴스

2007년 7월 29일

북한산 용혈봉 정상 낙뢰로 등산객 사망

2007년 7월 29일 낮 12시, 북한산 해발 581 m 용혈봉 정상.

산우회 회원 다섯 명이 북한산 용혈봉 정상을 향해 올라갔을 무렵, 갑자기 폭우가 쏟아지더니 번쩍하고 낙뢰가 내리쳤다.

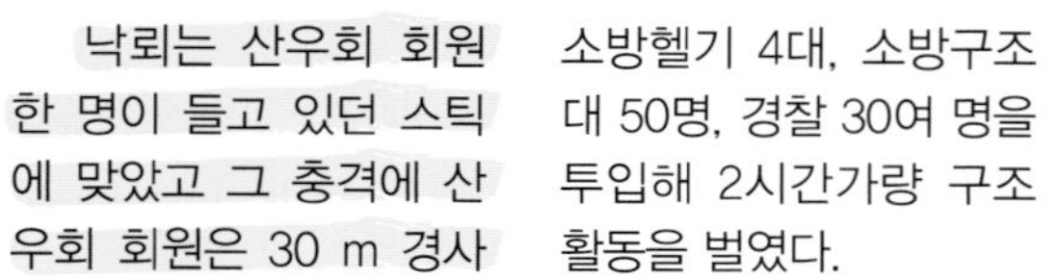

낙뢰는 산우회 회원 한 명이 들고 있던 스틱에 맞았고 그 충격에 산우회 회원은 30 m 경사면 아래로 떨어져 나갔다.

정상에 함께 있던 세 명도 빗물을 타고 흐른 전류에 감전돼 쓰러졌고, 5~6 m쯤 뒤따르던 등산객 네 명도 전류 쇼크로 쓰러졌다.

구조대가 신고를 받고 20분 만에 도착했다. 소방헬기 4대, 소방구조대 50명, 경찰 30여 명을 투입해 2시간가량 구조 활동을 벌였다.

경사면 아래로 떨어졌던 등산객은 낙뢰로 인한 화상과 추락으로 목이 다쳐 현장에서 숨졌다. 나머지 정상에 있던 세 명도 심폐소생술을 시도했지만 숨지고 말았다.

정상에 올라오던 등산객 네 명은 화상을 입었지만 다행히 목숨은 건졌다.

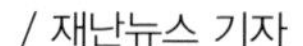

/ 재난뉴스 기자

재난대처방법 낙뢰

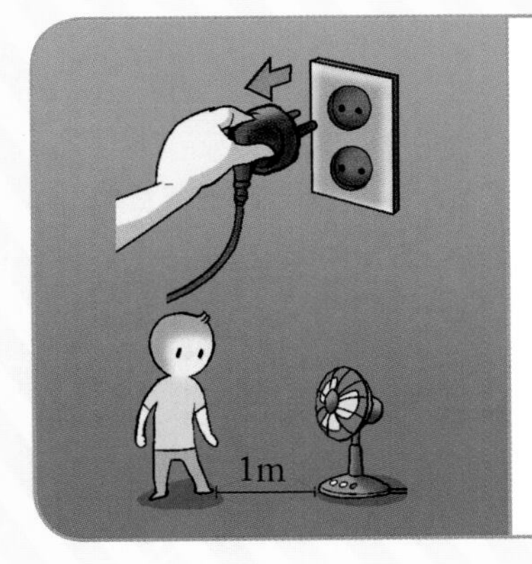

낙뢰가 칠 때 집에서 ❶

- □ 가능한 전화와 외출을 하지 않는다.
- □ 집에 낙뢰가 치면 TV 안테나나 전선을 따라 전류가 흐를 수 있으므로 주의하고 욕조, 수도꼭지, 개수대(싱크대)에 접촉하지 않는다.
- □ 집 안에서는 전화기나 전기제품 등의 플러그를 빼 두고 전등이나 전기제품으로부터 1 m 이상의 거리를 유지한다.

낙뢰가 칠 때 집에서 ❷

- □ 창문을 모두 닫고 감전 우려가 있는 샤워, 설거지 등은 하지 않는다.
- □ 금속성 건축자재 등으로부터 1 m 이상 거리를 유지하는 것이 안전하다.
- □ 출입문이나 창문에서는 거리를 유지하는 것이 바람직하다.

낙뢰가 칠 때 야외에서 ❶

- □ 평지에서 낙뢰가 칠 때는 몸을 가능한 낮게 하고 물이 없는 움푹 파인 곳으로 대피한다.
- □ 평지에 있는 나무나 키 큰 나무에는 낙뢰가 칠 가능성이 높으니 주의한다.
- □ 번개를 본 후 30초 이내에 천둥소리를 들었다면 약 10 ㎞ 이내에 뇌전이 발생한 것이므로 신속히 안전한 장소로 대피한다.
- □ 농촌에서는 삽, 괭이 등 농기구를 몸에서 떨어뜨리고 몸을 가능한 낮춘다.
- □ 자동차에 타고 있을 때는 차를 세우고 차 안에 그대로 있는 것이 안전하다.

낙뢰가 칠 때 야외에서 ❷

- ☐ 낚시꾼은 낚싯대를 몸에서 떨어뜨리고 몸을 가능한 낮춘다.
- ☐ 낙뢰는 주위 사람에게도 위험을 줄 수 있으므로 대피할 때는 다른 사람들과 최소 5 m 이상 떨어지되, 무릎을 굽혀 자세를 낮추고 손은 무릎에 놓은 상태에서 앞으로 구부리고 발을 모은다.
- ☐ 낙뢰는 대개 산골짜기나 강줄기를 따라 이동하므로 하천 주변에서의 야외활동을 자제하고, 물가 주위는 가지 않는다.
- ☐ 펜스, 금속파이프, 레일, 철제난간 등 전기 전도체가 되는 물건에는 접근하지 않는다.
- ☐ 마지막 번개 및 천둥이 친 후 30분 정도까지는 안전한 장소에서 대기한다.

낙뢰가 칠 때 산에서

- ☐ 가능한 등산을 삼가고, 정상부에서는 신속히 저지대로 이동한다.
- ☐ 낙뢰 발생 시 즉시 몸을 낮추고 움푹 파인 곳이나 계곡, 동굴 안으로 대피한다.
- ☐ 키 큰 나무 밑은 낙뢰가 떨어지기 쉬우므로 접근하지 않는다.
- ☐ 등산용 스틱이나 우산 같이 긴 물건은 몸에서 떨어뜨린다.
- ☐ 야영 중일 때는 침낭이나 이불을 깔고 앉아 몸을 웅크린다.
- ☐ 갑자기 하늘에 먹구름이 끼면서 돌풍이 몰아칠 때는 낙뢰 위험이 높으므로 신속히 대피한다.

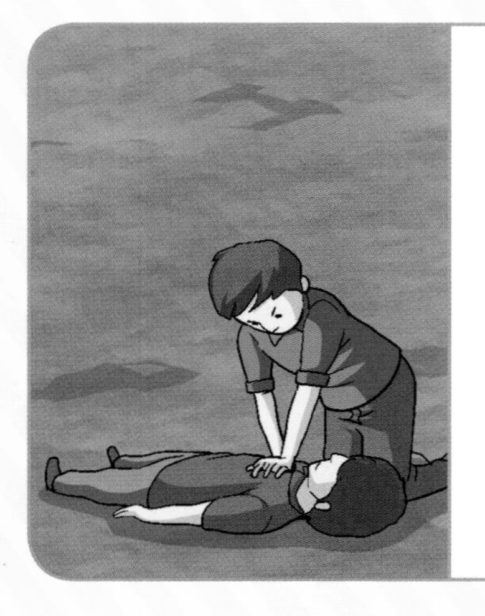

낙뢰에 맞았을 때

- ☐ 낙뢰로부터 안전한 장소로 이동한다.
- ☐ 구조 후에는 의식 여부를 확인한다.
- ☐ 의식이 없으면 즉시 기도를 열어 호흡을 하는지 확인하고, 호흡을 하지 않으면 인공호흡과 함께 심폐소생술을 실시한다.
- ☐ 의식이 있는 경우 자신이 가장 편한 자세로 안정을 취하고, 환자가 흥분하거나 떠는 경우 말을 거는 등 침착하게 대응한다.
- ☐ 환자의 의식이 분명해 보여도 몸의 안쪽까지 화상을 입는 경우가 있으므로 빨리 응급병원에서 진찰을 받는다.

재난지식 노트

낙뢰의 정의와 종류, 특징에 대해 기억해요!

낙뢰의 정의

꼭 기억하자!

❶ 번개의 종류 가운데 구름과 대지 사이에서 발생하는 *방전 현상.

❷ 벼락이라고도 부르며 번개와 천둥을 동반하는 급격한 방전 현상.

❸ 공중에 *대전한 전기와 지면에 유도된 전기 사이에서 순간적으로 방전하는 현상.

❹ 여름철 적란운 속에는 수많은 물방울과 얼음 알갱이들이 있고, 그 안에는 양전기와 음전기들이 있는데, 이 구름 속에 있는 양전기와 음전기 사이에서 발생하는 불꽃 방전 현상.

❺ 번개가 공기 중을 이동할 때 번개가 가지고 있는 매우 높은 열로 인해 공기가 급격히 팽창하게 되는데, 이때 그 공기가 팽창하는 힘을 이기지 못해 터지면서 나는 소리가 천둥이다.

*방전 전지나 축전기 또는 전기를 띤 물체에서 전기가 외부로 흘러나오는 현상.
*대전 어떤 물체가 전기를 띰.

낙뢰의 종류

꼭 기억하자!

열뢰	지표면이 강한 햇빛으로 데워져 대기 하층의 *기온 감률이 100 m에 대해 1 ℃ 이상 커지며 격렬한 상승기류를 생기게 하는 낙뢰. 여름철 오후에 육지, 특히 산간에서 가장 많이 발생하며 이 경우 상공에 차가운 공기가 들어오면 대기 상태가 한층 불안정해지며 강한 열뢰가 발생한다. *기온 감률 고도가 높아지면서 기온이 떨어지는 비율.
계뢰	한랭전선이 발달한 곳에서 적란운이 발생해 일어나는 낙뢰. 드물게는 온난전선의 전선면을 따라 상승해 가는 따뜻한 공기가 불안정해질 때 발생하기도 한다. 일반적으로는 전선 가까이에서 발생하는 낙뢰를 말하는데, 이런 경우 지표면의 가열이 있으면 대기의 상태가 한층 불안정해져 대규모로 계뢰가 발생한다.
전도뢰	강한 차가운 공기가 흘러들어 대기의 상태가 불안정해져서 일어나는 낙뢰.

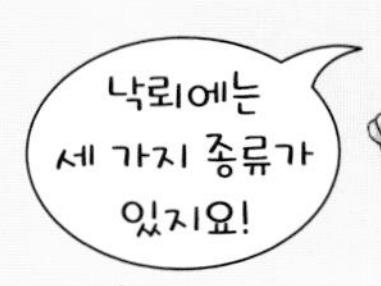

낙뢰의 특징

꼭 기억하자!

❶ 강한 소나기를 내리고 우박을 동반하는 경우도 있으며 주로 적란운 안에서 발생한다.

❷ 낙뢰 방전이 일어나려면 적란운 안에 물방울과 *빙정이 공존해 비가 내리는 조건을 만족시켜야 한다.

❸ 적란운의 꼭대기가 영하 20 ℃ 정도까지 도달했을 때 발생한다.

❹ 적란운이 발달하려면 대기가 상당히 두꺼운 층에 걸쳐 불안정하고, 수증기의 보급이 적당해야 한다.

❺ 산악지대에서 낙뢰가 발생하기 쉬운 것은 지형에 의해 상승 기류의 계기가 만들어지기 때문이다.

*빙정 대기의 온도가 0 ℃ 이하일 때 대기 속에 생기는 눈 따위와 같은 작은 얼음의 결정.

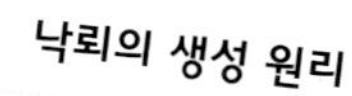

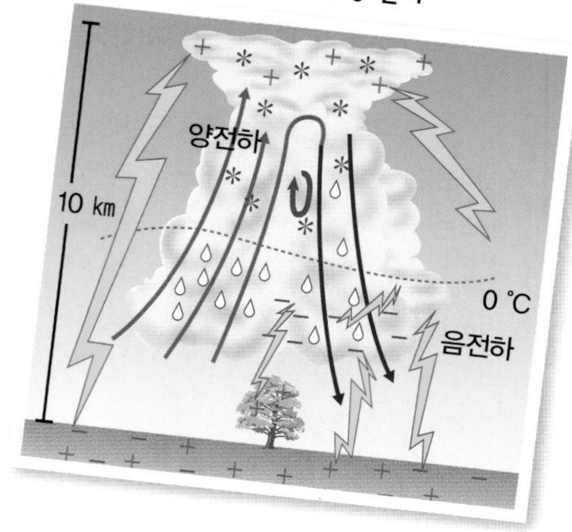

낙뢰의 발생 조건

❶ 일반적으로 낙뢰는 대기 상태에서 많은 양의 양전하와 음전하가 분리돼 전계강도가 일정한 값을 초과하면 공기분자의 전리 파괴가 일어나 전자와 이온에 의한 전도로가 형성돼 발생한다.

❷ 태풍과 같은 중간 규모의 기층이 상승하거나 대규모의 안정된 기층이 상승할 때 발생하지 않고, 주로 공기 밀도가 낮은 난기를 파고들 때나 여름철 태양에너지가 풍부한 날 오후, 국지적으로 지면에 접한 대기가 가열돼 빠른 속도로 상승할 때 뇌운이 생성되면서 낙뢰가 발생한다.

❸ 낙뢰의 90 % 이상은 음전하를 띠며 양전하를 띤 낙뢰는 10 %에도 미치지 못한다.

❹ 음전하를 띤 낙뢰의 뇌견적류는 평균 33 kA(킬로암페어)이지만 양전하를 띤 낙뢰의 경우는 75 kA 정도의 높은 뇌격전류를 지니고 있으며, 이때 음전하와 양전하를 띤 낙뢰의 흡인 효과를 지닌 피뢰침을 선택해 피해를 최소화하게 된다.

낙뢰로 인해 발생할 수 있는 감전사고

낙뢰 에너지의 영향으로 화재가 일어나거나 바위, 나무 등이 쓰러지거나 굴러 떨어져 2차 재해가 발생하기도 한다.

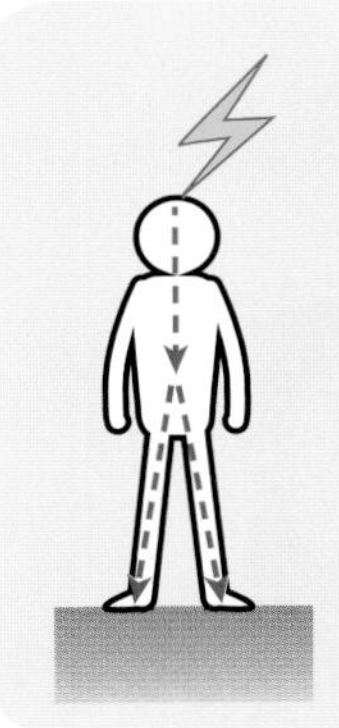

직격뢰(direct strike)

낙뢰가 직접 사람을 통해 대지로 흐르는 것. 심장마비, 호흡정지 등으로 대부분이 중상을 입거나 사망한다.

접촉뇌격(contact strike)

사람이 잡고 있는 물체(골프채, 등산스틱, 우산 등)에 낙뢰가 떨어지는 것. 전류는 물체로부터 사람을 거쳐 땅으로 흐른다.

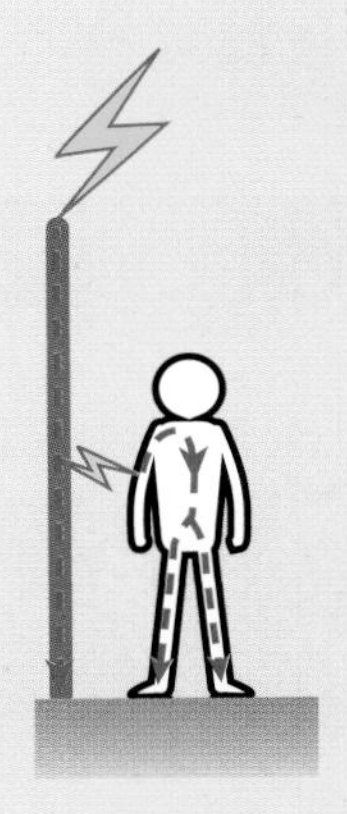

측면섬락(side flash)

낙뢰가 나무와 같은 물체에 떨어졌을 때 물체와 가까이 있는 사람 사이의 전위차가 공기의 *절연을 파괴해 발생하는 것. 전류가 심장 또는 머리를 통해 흐를 경우 사망할 수도 있다.

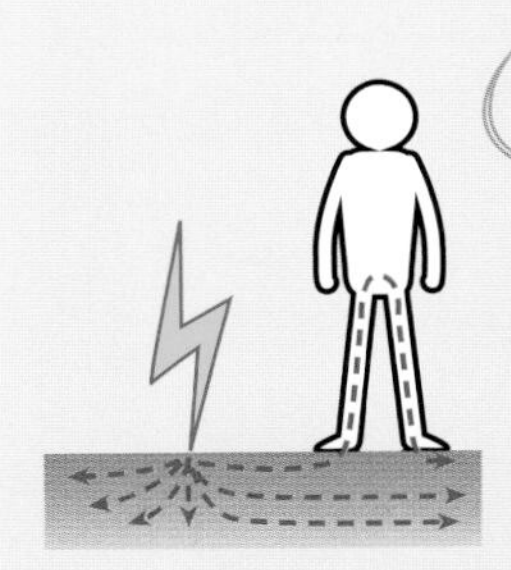

보폭전압 (step voltage)

낙뢰로 뇌전류가 대지에 흐를 때 근처에 있는 사람의 양 발 사이에 걸리는 전압. 일정 값을 넘게 되면 위험하다.

*절연 전기가 통하지 않게 하는 것.

낙뢰 대비

1. 야외 활동을 할 경우에는 낙뢰에 대한 기상 정보를 미리 확인한다.
2. 낙뢰가 예상되면 우산보다 비옷을 준비한다.
3. 낙뢰가 발생할 때의 행동 요령 및 대처법을 미리 알아둔다.

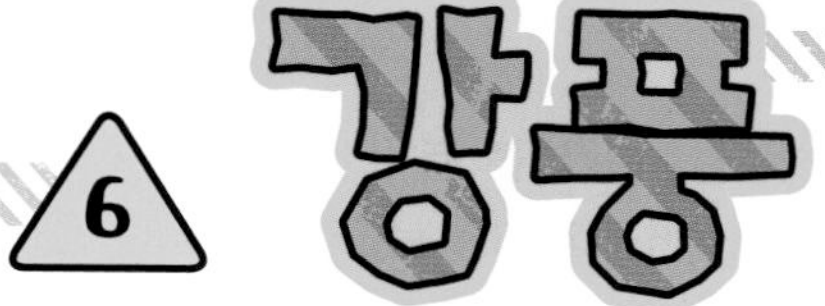
6
강풍

너! 또 이 누나 거 가지고 갔지?
아얏!
다음 주 월요일부터 태풍의 영향권에 든다고 합니다. 농작물 관리에….

어머님께서 참외를 보내셨네요.

너 참외 덕분에 산 줄 알아라!
맛있겠다!
많이도 보내셨네. 하나라도 더 팔아서 용돈으로 쓰시지.

척
어머니께 전화나 드려야겠다.

저녁 준비하고 있으니 전화 좀 받아봐요!
따르릉
따르르릉

여보세요.
척

아버지, 접니다.
오늘 참외 받았어요. 뭐하러 이렇게 많이 보내셨어요?
냠
냠
냠
우리 손주들 많이 먹으라고 보냈지.

참, 다음 주 월요일부터
태풍이 온다네요.
강풍이 불면 비닐하우스
괜찮을까요?
그러지 않아도
주말에 손 보려고
생각하고 있다.
너무 무리하지는
마세요.

응?
아범이유?
나도 좀 바꿔줘 봐요.
허허~
이 사람!

아범이냐?
네, 어머니!
우리 강아지들 잘 있지?
어디 아픈 데는 없고?

그럼요, 아주
자~알 놀고 있어요.
파지직
나랑 해 보겠다,
이거지?

저번 달에 봤는데
왜 이리 보고 싶을까….
근데 이게
무슨 냄새야?
킁
킁

아이고, 내 정신 좀 봐!
생선구이 올려놓고
깜빡했네.
네, 알겠어요.
우리 손주들 목소리
들으려고 했는데 안 되겠다.
아범아, 핸드폰으로 우리
손주들 사진이나 보내라.

1643년 이탈리아의 과학자 토리첼리는 압력을 측정하는 방법을 발견했다. 토리첼리는 1 m 길이의 유리관에 수은을 가득 채우고 수은이 담긴 그릇 안에 유리관을 거꾸로 세웠다. 유리관의 수은은 76 ㎝의 높이에서 더 이상 내려오지 않았고, 그릇 안의 표면수은과 유리관에 담긴 수은의 높이가 항상 76 ㎝를 유지한다는 사실을 알게 됐다. 이것을 1기압이라고 정하고, 기압의 단위는 hPa(헥토파스칼)이라고 정했다. 1기압은 1,013 hPa이다.

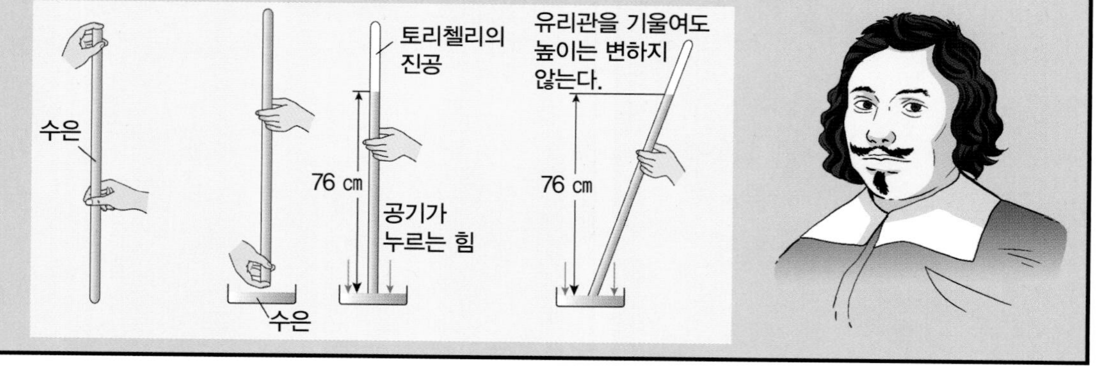

1. 맑은 날, 계속 햇빛을 흡수한 땅이 온도가 올라가면서 방출되는 열에 의해 따뜻해진다.

2. 따뜻해진 공기는 가벼워서 위로 올라가고 주변의 무겁고 찬 공기가 그 자리를 메우기 위해 들어온다.

3. 가벼워진 따뜻한 공기는 기압이 낮은데 이를 저기압이라고 하고, 찬 공기는 상대적으로 무거운데 이를 고기압이라고 한다.

4. 바람은 고기압에서 저기압으로 이동하고 바람은 공기의 온도 차로 인한 기압의 차이로 만들어진다.

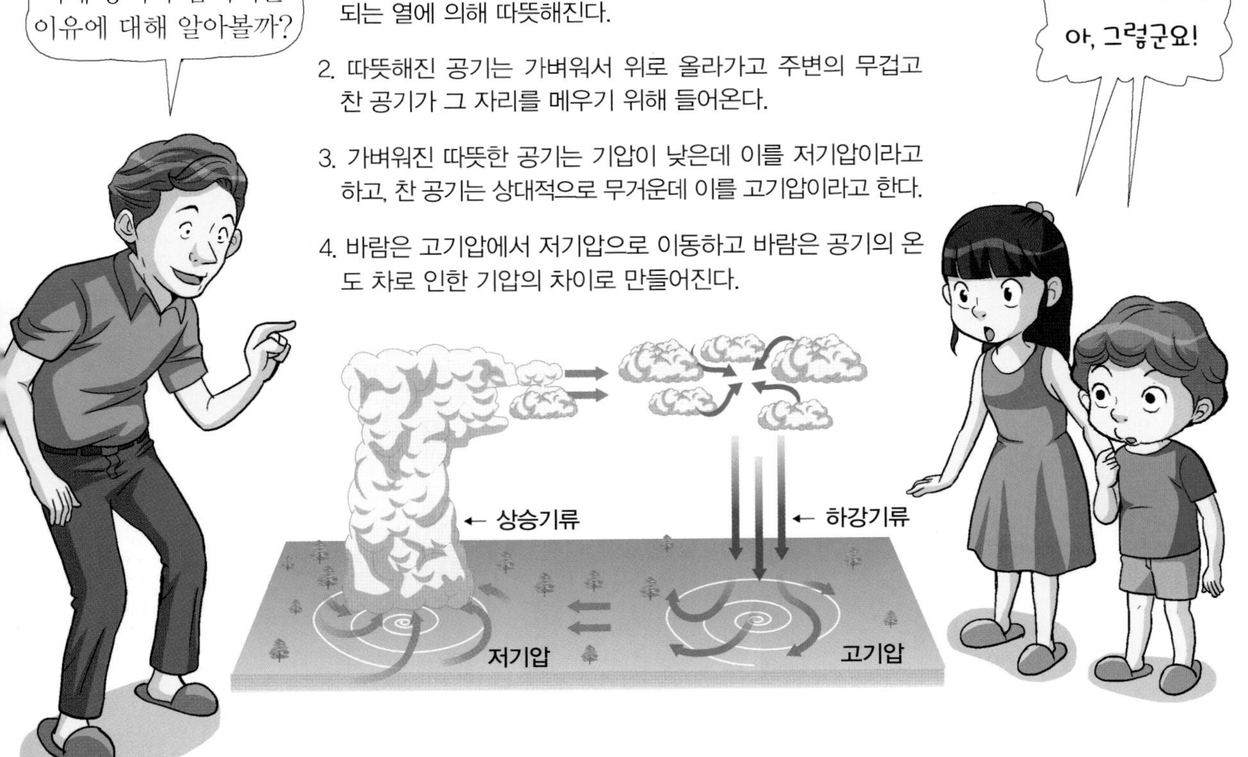

해륙풍이란?

해안가에서 하루를 주기로 바람의 방향이 바뀌는 현상. 낮에 육지의 공기가 뜨거워서 위로 올라가면 온도가 낮은 바다 쪽으로 이동한다. 이 공기가 식어 아래로 내려와 따뜻한 육지로 이동하는 것이 해풍이다. 육풍은 반대로 밤에 육지보다 따뜻한 바다 쪽 공기가 위로 올라가 온도가 낮은 육지 쪽으로 이동하고, 식으면 아래로 내려와 따뜻한 바다 쪽으로 이동하는 것이다.

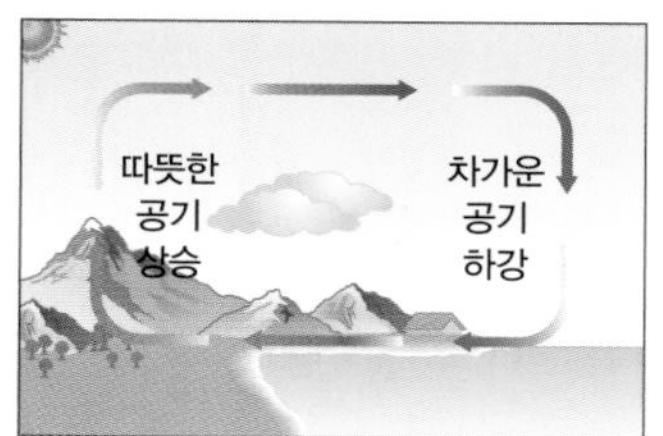

계절풍이란?

계절에 따라 방향이 바뀌는 바람. 대륙과 해양의 온도 차이가 그 원인이다. 여름에는 대륙이 따뜻해져서 육지에 저기압 중심이 생겨 해양에서 바람이 불어 남동풍이 부는 것이고, 반대로 겨울에는 대륙의 기온이 내려가면서 추워져 시베리아 고기압처럼 큰 고기압이 형성돼 해양을 향해 북서풍이 부는 것이다.

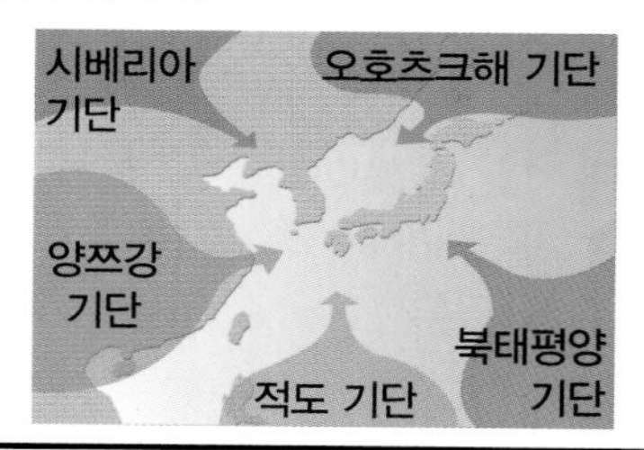

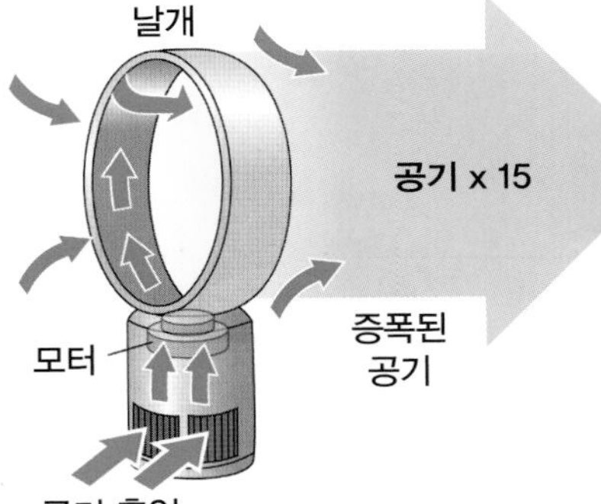
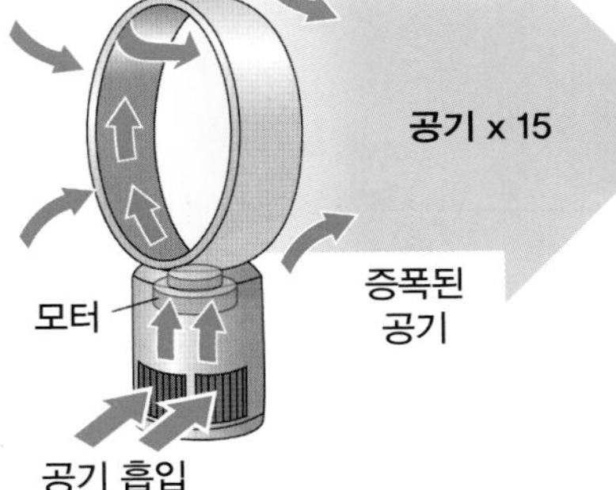

날개 없는 선풍기의 원리

날개 없는 선풍기의 구조는 간단하지만, 제트엔진의 추진 원리를 이용한 것이라는 과학적 원리가 숨어 있다. 원리를 살펴보면, 선풍기 몸통에 달려 있는 모터를 회전시켜 공기를 빨아들이고 그 공기가 위쪽 둥근 고리 내부로 밀려 올라간다. 이 고리 모양의 단면은 비행기 날개처럼 생겼고 속이 비어 있다. 이렇게 둥근 고리 내부로 밀려 올라간 공기는 고리의 구조적 특징 때문에 *유속이 빨라지고 고리 내부의 작은 틈으로 공기가 빠져나오면서 둥근 고리 안쪽 면은 기압이 낮아지게 된다. 이 때문에 선풍기 고리 주변의 공기는 고리 안쪽으로 통과해 강한 공기의 흐름이 생긴다. 이 강한 공기의 양은 처음 공기가 흡입된 양보다 15배 정도 증가하게 된다.

*유속 단위 면적을 통해 단위 시간에 이동하는 열량 · 물질량 혹은 운동량.

휘이잉

휘이잉

바람이 거세게 올 것 같네.
휘이잉

아버지!
응?

할아버지, 저희 왔어요!
보고 싶었어요!
안녕하세요.
꾸벅
아니, 날씨도 안 좋은데 뭐하러 왔어?

애들이 할아버지, 할머니 보고 싶다고 해서요.
태풍이 올라오기 전에 하룻밤만 자고 가려고요.
아이고, 우리 손주들 기특하네!
방긋
와락
할아버지!

당신 먼저 애들 데리고 집에 가 있어요.
네, 알겠어요.
얘들아, 어서 차에 타자!
네.

휘이잉
아버지, 허리도 안 좋은데 너무 무리하지 마세요.
휘이잉
허허, 그래. 너도 살살해라.

세월 참 빠르네. 항상 어린애 같더니 이렇게 커서 한 집안의 가장이 됐구나.
그러게요. 정말 빠르죠?

아버지도 항상 커다란 산 같은 분이셨는데….

내 강아지들, 보고 싶었다.
어여 수박 먹어.
하
부모님, 건강하세요.
할머니, 수박 진짜 꿀맛이에요!
하
하

재난뉴스

2003년 9월 12일

괌 부근 해상에서 발생한 태풍 무지개

제14호 태풍 '무지개'는 2003년 9월 6일 오후 3시경 괌 부근 해상에서 발생해 9월 12일 저녁 8시경 경상남도 사천시 부근 해안으로 상륙했다. 중심 부근 최대 풍속은 약 40 m/s로 강한 바람과 함께 많은 비를 뿌렸다.

가장 먼저 태풍의 영향권에 들어갔던 제주도는 최대 순간 풍속 60 m/s, 최대 풍속 51.1 m/s가 관측돼 역대 최고 기록을 갈아 치웠다.

태풍 무지개는 12일 밤부터 13일 새벽 사이에 한반도 내륙을 통과하면서 큰 피해를 가져왔다.

9,000채의 집이 파괴됐고, 873개 도로와 30개 다리가 무너졌으며, 489대의 차량이 침수됐다. 또 15,158 ha의 농지가 물에 잠겼다.

심지어 대형 여객선을 개조한 부산 해운대구 우동의 해상 호텔이 무지개의 강풍을 못 견디고 쓰러졌다.

부산항 컨테이너 부두에 있던 크레인 48기 가운데 $\frac{1}{4}$ 가량도 파손돼 400억 원이 넘는 재산 피해를 냈다.

태풍 무지개는 한반도를 단지 6시간 여 동안 관통했다. 하지만 집중호우와 폭풍으로 남해안 지방은 높은 파도, 경상남북도 내륙과 강원영동 지방은 많은 재산과 인명 피해를 줬다.

/ 재난뉴스 기자

재난대처방법 강풍

강풍주의보 및 경보 때 모든 지역

- □ 가능하면 외출을 자제하고 창가의 화분 등은 집 안으로 옮긴다.
- □ 출입문을 닫고 창문에 테이프를 붙이거나 커튼, 블라인드 등을 치고 창문에서 멀리 떨어진 화장실, 골방 등으로 피신한다.
- □ 지붕과 같이 높은 데서 작업하거나 접근하지 않는다.

강풍주의보 및 경보 때 도시 지역

- □ 대형 공사장의 위험 축대 등 시설물 주변에 접근하지 않는다.
- □ 대형 · 고층 건물의 유리창에 테이프나 신문을 붙여 대비한다.
- □ 떨어질 위험이 있는 시설물을 제거하거나 단단히 묶는다.
- □ 아파트 등 고층 건물의 옥상에는 출입하지 않는다.

강풍주의보 및 경보 때 농촌 지역

- □ 비닐하우스, 인삼재배시설, 버섯재배시설 등 농업시설을 결박한다.
- □ 비닐하우스에는 방풍벽이나 그물을 이용한 방풍망을 설치한다.
- □ 비닐하우스는 서까래 사이에 나선형 말목을 박아 고정밴드로 고정한다.
- □ 강풍이 불 때는 비닐하우스를 밀폐시킨 다음 환풍기를 가동한다.

강풍주의보 및 경보 때 해안 지역

- □ 바닷가 근처는 접근하지 말고, 해안도로의 차량 운행을 제한한다.
- □ 선박에 고무타이어를 충분히 부착한다.
- □ 어망 설치를 중지하고 철거 가능한 어로시설은 철거한다.
- □ 이전 가능한 시설은 안전지대로 옮긴다.

강풍이 진행 중일 때 집에서

- ☐ 현관, 복도 또는 창문의 유리파편으로부터 보호 가능한 곳에 위치한다.
- ☐ 지붕 위나 옥상 등 실외 작업은 하지 않는다.
- ☐ 외출을 삼가며 특히 어린이나 노약자는 집 안에 머무른다.
- ☐ 손전등, 라디오, 가정상비약 등을 주변에 준비해 둔다.

강풍이 진행 중일 때 길에서

- ☐ 낡은 집이나 위험한 담장 등에 접근하지 않는다.
- ☐ 고압전선, 전신주, 가로등, 신호등에 접근하거나 접촉하지 않는다.
- ☐ 외부에 있을 때는 신속히 건물 안으로 대피하고, 나무 밑으로는 피신하지 않는다.
- ☐ 공사장 등 위험 시설물이 많은 장소에는 접근하지 않는다.

강풍이 진행 중일 때 도로나 공사장에서

- ☐ 자동차를 타고 갈 때는 속도를 줄이고 방음벽 아래로는 대피하지 않으며, 해안도로 운행을 삼간다.
- ☐ 산간 지역의 터널에서 나올 때는 속도를 줄여 운행한다.
- ☐ 공사장의 크레인, 리프트 등은 즉시 운행을 중지한다.
- ☐ 공사장에서는 안전장비를 점검하고 임시시설, 떨어질 위험이 있는 시설에 대해 안전 조치를 취한다.

강풍이 멈춘 뒤

- ☐ 피해를 조사하고 사진 촬영을 한다.
- ☐ 가스, 수도, 전기 등 공급관을 조사하고 작동 여부를 확인한다.
- ☐ 시 · 군 · 구, 읍 · 면 · 동 등 관청에서 내리는 지시에 따른다.
- ☐ 자신의 집에 피해가 크더라도 절대 흥분하지 말고 침착하게 대처한다.

재난지식 노트

강풍의 정의를 알고
바람의 종류에 대해
기억해요!

강풍의 정의

꼭 기억하자!

❶ 태풍이나 발달한 저기압 등의 영향으로 바람과 함께 비바람이 매우 강해 심각한 피해를 발생시키는 기상 상태.

❷ 기상특보 측면에서 볼 때 육상에서 부는 강한 바람을 말하며, 최대 풍속 13.9 m/s인 바람을 말한다.

풍향과 풍속

❶ 바람이란 공기의 흐름을 말하며, 공기는 압력의 차이가 생기면 압력이 높은 곳에서 낮은 곳으로 이동해 같은 압력을 만들려는 성질이 있다.

❷ **풍향 :** 바람이 불어오는 방향.

❸ **풍속 :** 바람의 세기로, 단위시간당 이동하는 공기의 속도.

❹ **최대 풍향 · 풍속 :** 하루(00~24시) 중 임의의 10분 간 평균적으로 가장 세게 불었던 풍속과 그때의 풍향.

❺ **최대 순간 풍향 · 풍속 :** 하루(00~24시) 중 바람이 순간적으로 가장 세게 불었던 때의 풍향 · 풍속.

바람의 종류

꼭 기억하자!

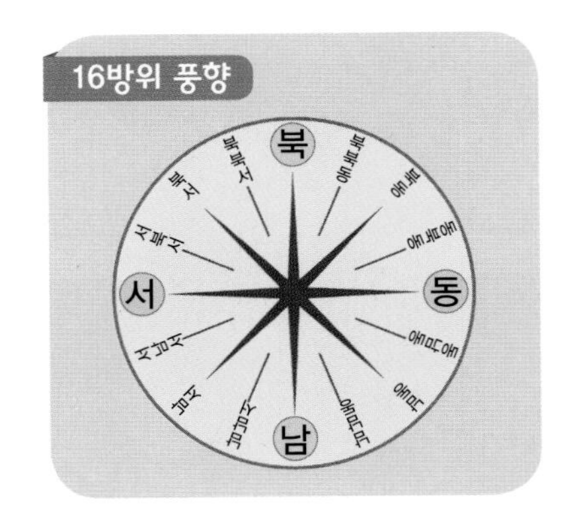

❶ **무역풍 :** 위도 5°~30° 지역의 지상 1.5 km보다 낮은 곳에서 연중 적도를 향해 부는 바람.

❷ **편서풍 :** 위도 30°~60°의 중위도 지방에서 고위도 저압대로 부는 바람. 우리나라는 대체로 편서풍 영향권에 속한다.

❸ **북서계절풍과 남동계절풍 :** 계절에 따라 바람의 방향이 바뀌는 바람. 우리나라의 경우 겨울에는 시베리아 대륙의 차갑고 건조한 고기압이 발생해 강력한 북서계절풍이 불고, 여름에는 북태평양의 따뜻하고 습한 고기압이 발생해 남동계절풍이 분다.

❹ **해풍과 육풍 :** 낮과 밤을 경계로 바람의 방향이 바뀌는 바람. 낮에는 육지가 바다보다 열을 빨리 흡수해 공기가 더워지므로 바다에서 육지로 바람이 부는데 이를 해풍이라고 한다. 반대로 밤에는 육지가 바다보다 냉각되는 속도가 빨라 육지에서 바다로 바람이 부는데 이를 육풍이라고 한다.

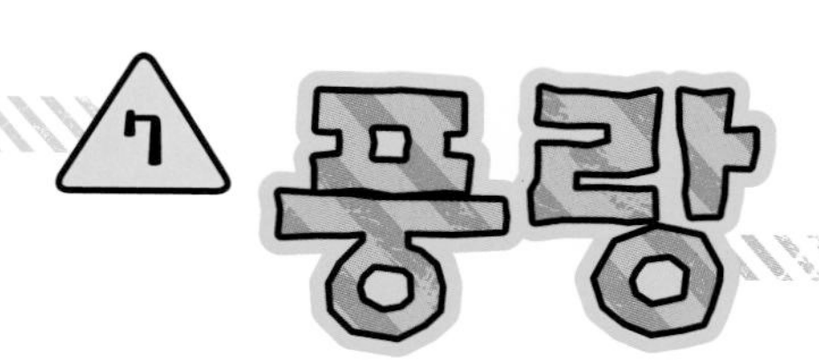

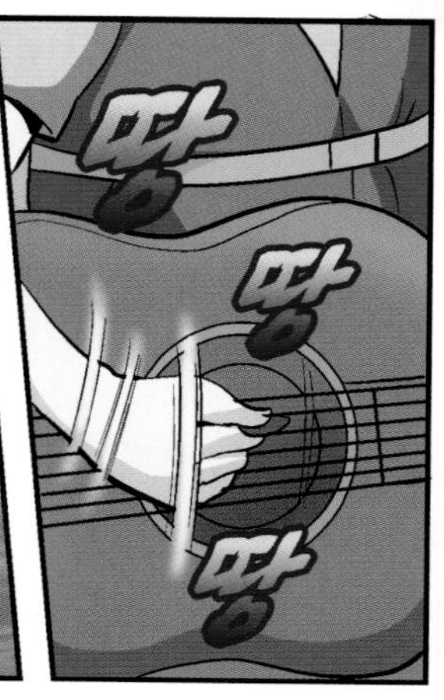

버럭

아저씨 때문에 물고기들이 다 도망가잖아요!

노래를 잘하면 몰라. 정말 못 들어 주겠네!

아, 어지러워. 왜 이렇게
파도가 심한 거야?
아직도 뱃멀미를
하는구나.
네….
촤악
촤악

힝~ 집에 가고 싶다. 아빠
때문에 이게 무슨 고생이람!
너희는 좋겠다. 움직이지
않아도 파도가 섬까지 데려다
줄 테니 말이야.
끼룩
끼룩
그건 잘못 알고
있는 거란다!
헐! 너 뭐야?

아빠! 깜짝 놀랐잖아요.
간 떨어질 뻔했네!
짠
어때, 크지?
아빠가 방금 잡은
참돔이다.

척
아빠, 근데 방금
제가 잘못 알고 있다고
하신 게 뭐예요?

아, 저 갈매기를 보렴!
끼룩
끼룩
갈매기가
왜요?
갈매기가 파도를 타고
있는 모습 보이지?
끼룩
끼룩
네, 파도를 타고
앞으로 가고 있잖아요.

틀렸어. 파도가 칠 때 바다
위에 떠 있는 갈매기는
위아래로 움직이고, 좌우로는
거의 움직이지 않아.
어! 자세히 보니
정말 그러네요!

*파형 물결처럼 기복이 있는 음파나 전파 따위의 모양.

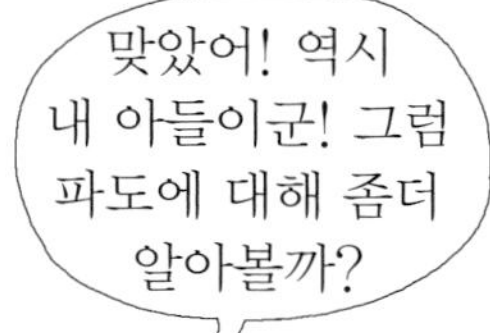

파도란?

바다에 이는 물결. 먼 바다에서 강한 바람에 의해 *파고가 10 m 이상, 파장이 200 m 정도 생기는 게 풍랑이다. 풍랑이 발생한 지역에서 다른 지역으로 전파되는 물결이 너울로, 봉우리가 둥글고 비교적 불규칙적이며 파장이 300~400 m 이상이다. 너울은 예고 없이 등장하고 방파제에 부딪히면 30~40배 더 커진다. 파도는 파고와 파장으로 표시하는데 해안 근처 수심이 얕아지면서 파장이 길어지고 파고가 높아져 해안에서 파도가 부서지는 것이 연안쇄파이다.

*파고 물결의 높이.

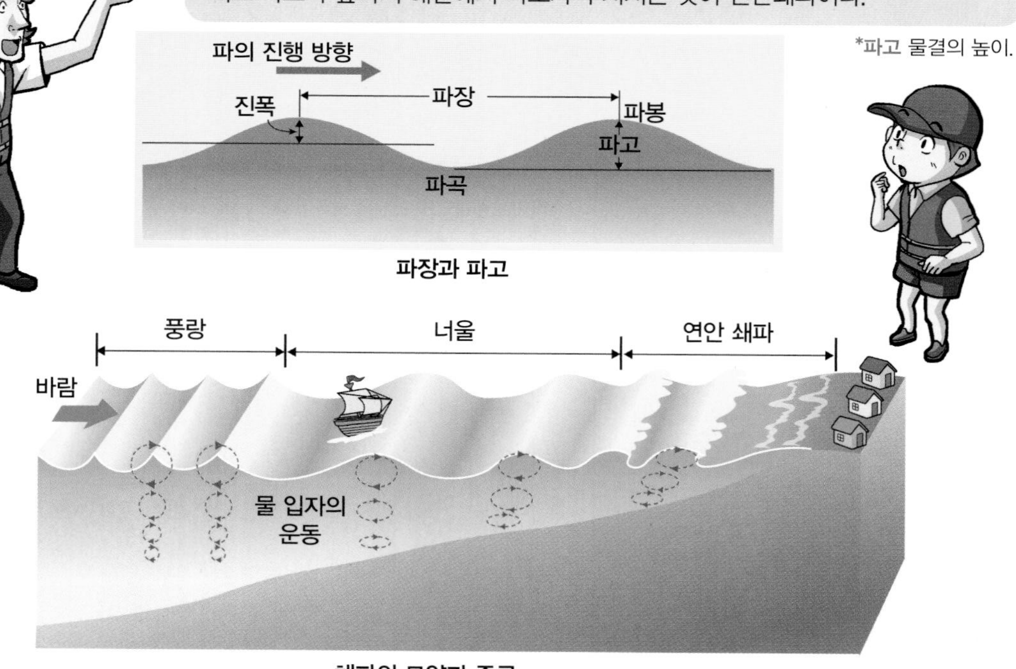

파장과 파고

해파의 모양과 종류

작은 공간에서 수영을 하면 물결이 퍼져나가다가 다른 사람이나 수영장 벽과 만나 반사가 되거든. 이 반사된 물결이 퍼져나가는 물결과 만나 부딪치면 물결은 그 자리에서 출렁이게 되지!

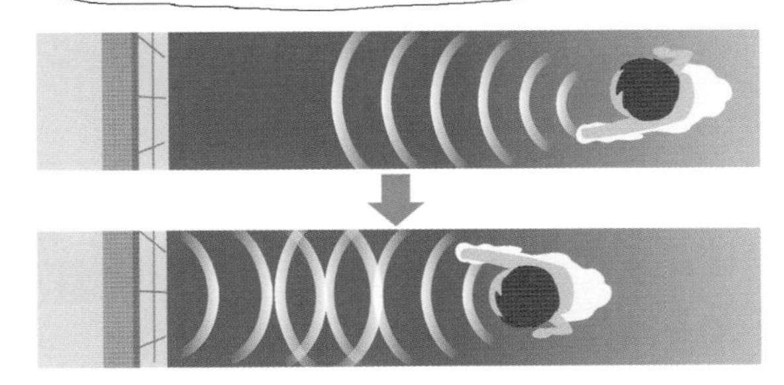

정상파란?

파장, 주기, 진동수 등이 같은 두 파동이 서로 반대 방향으로 진행해 계속적으로 중첩하면 그 합성파는 어느 쪽에도 전파되지 않고 제자리에서 진동하는 것처럼 보인다. 이를 정상파라고 한다.

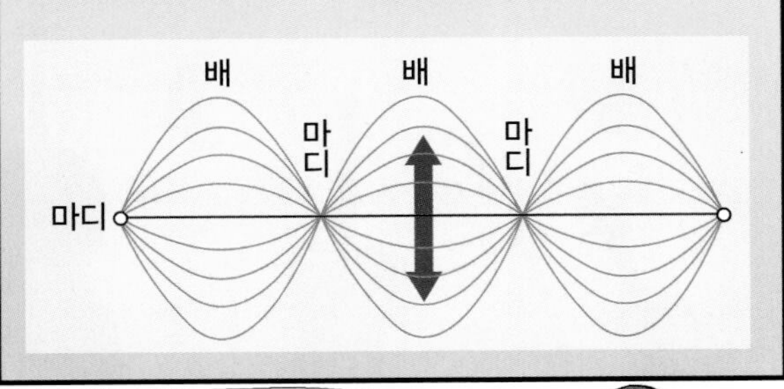

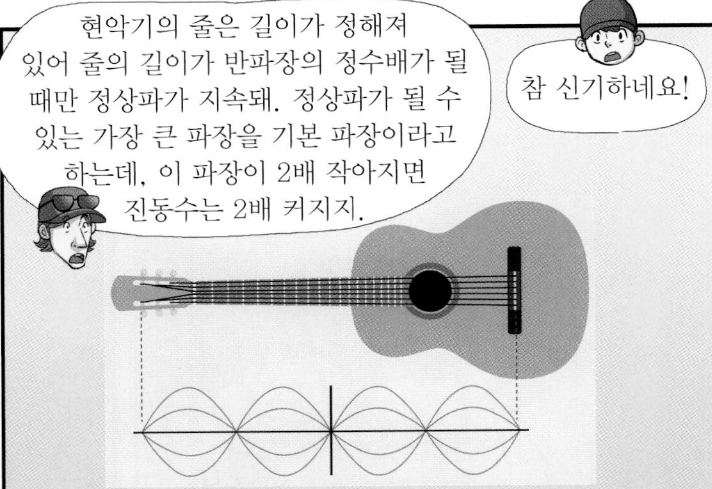

아빠 그럼
기타 줄은 어떻게
다양한 음을 만들
수 있는 거예요?
스윽

그건 내가 설명해 주지!
팍-
깜
짝
띵~
띵~
깜짝이야!

현을 사용하는 악기는
모두 비슷한 원리라고
생각하면 돼.
줄이 짧을수록, 얇을수록, 팽팽할수록 높은 음을 만들고,
그 반대일수록 낮은 음을 내지. 음의 높낮이는 진동수로
결정된단다. 진동수는 줄파의 속력에 비례하고 줄파의
속력이 바뀌면 진동수가 변하지. 줄파의 속력은 줄의
밀도와 장력으로 결정된단다.
바이올린이나 하프도
다 같은 원리군요!

뿌우우~
으악, 시끄러워!

관악기도 마찬가지야.
관에 뚫린 구멍 사이의
길이로 파장이 결정되지!
척-
그렇군요.

재난안전호
파악

웁~ 또!
뱃멀미는 정말 못 참겠어!
후다다닥

헉!
오~
떠용

으악!
괴, 괴물이다!
깜 짝
무슨 일이야?

끼룩
끼룩

고맙습니다. 이렇게 *표류한 지 며칠째인지. 그동안 아무 것도 못 먹었는데….
우걱
우걱
아니, 그런데 이 먼 바다까지 어떻게 튜브만 타고 표류하게 됐죠?

*표류 물에 떠서 흘러감.

이안류는 해안으로 밀려오던 파도가 갑자기 먼 바다 쪽으로 빠르게 되돌아가는 해류를 말해. 일반 해류처럼 장기간 존재하는 것이 아니라 폭이 좁고 유속이 빠른 것이 특징이지.

바람이 해변에 정면으로 불어온다든지, 파고 1.5 m 이상의 파가 해안선의 직각으로 밀려들어올 때 발생한단다.

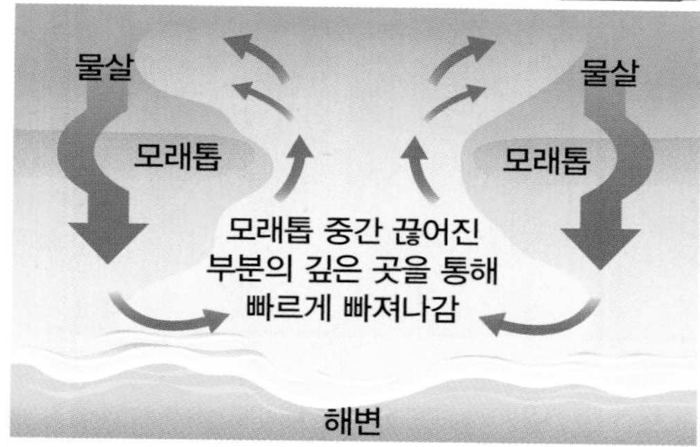

이안류의 생성 원리

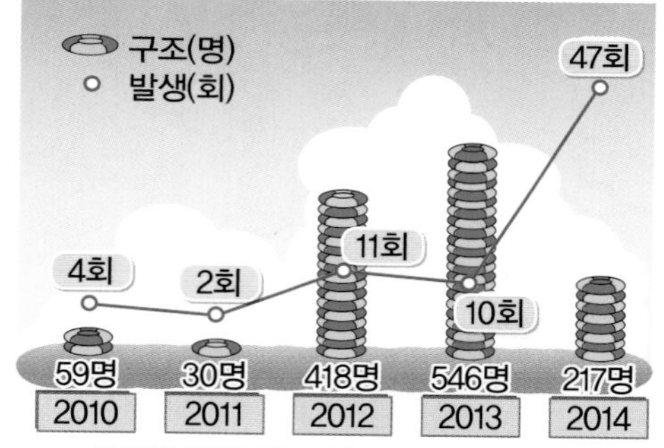

이안류 발생 건수 및 구조인 〈출처 : 기상청〉

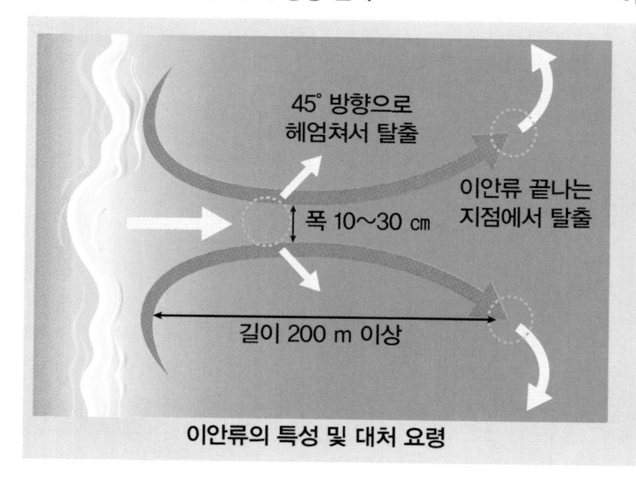

이안류의 특성 및 대처 요령

처음 이안류에 휩쓸렸을 때 좌우 45° 방향으로 연안류를 따라 헤엄친다.

이안류 흐름으로 벗어난 후 해안으로 헤엄쳐 나온다.

흐름에 몸을 맡겨 체력을 보존하고 있다가 구조를 기다린다.

튜브를 타고 있을 경우 튜브를 꼭 붙잡고 구조를 기다린다.

빠져나오는 방법만
알았더라도….
안내 말씀드립니다. 지금
풍랑주의보가 내려져
항구로 돌아가겠습니다.
재난안전호
파악
파악

와~ 드디어
집에 간다!
번
쩍 -
만세!

이런, 오늘 낚시도 끝이네.
힘들게 시간 내서 아들하고
좋은 추억 만들려고 했는데.
저는 뱃멀미 때문에
좋은 추억으로 남지
않을 것 같아요.

드디어 집에
가는구나!
냄새나니
저리 좀….
와락
꾹

여러분, 심심하시죠?
제 신곡을 불러
드리겠습니다.
랄라라~
해물라면에~
조개가 빠지면~~
악~
제발 좀 조용히!
재난안전호
파악
파악

재난뉴스

1993년 10월 10일

서해 훼리호 풍랑 맞아 침몰하다

1993년 10월 10일 9시 40분경 서해 훼리호는 362명의 승객을 태우고 화물 16톤을 실은 뒤 위도 파장금항을 떠나 부안 격포항으로 출발했다.

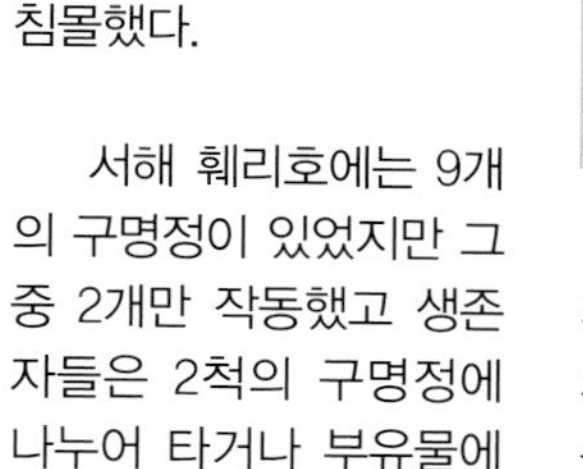

정원은 승무원 14명을 포함, 221명이지만 그보다 더 많은 362명의 승객이 탔고, 화물도 16톤을 실었다.

10시 10분쯤 서해 훼리호는 임수도 부근 해상에서 돌풍을 만났다. 회항하려고 뱃머리를 돌리려다 파도를 맞아 심하게 흔들리면서 배가 전복돼 침몰했다.

서해 훼리호에는 9개의 구명정이 있었지만 그중 2개만 작동했고 생존자들은 2척의 구명정에 나누어 타거나 부유물에 매달렸다.

사고가 발생한 직후 인근에서 조업 중이던 어선들이 조난 사실을 알리고 40여 명의 생존자를 구조했다.

1시간여 후, 강풍과 파도 속에서 어선과 헬기와 군경 함정을 동원한 수색 작업이 시작됐다.

10월 10일 밤 10시까지 모두 70명의 생존자가 구조되고 51구의 시신이 인양됐다. 그리고 11월 3일 마지막 실종자를 끝으로 모두 292구의 시신이 인양됐다.

서해 훼리호에는 규정 인원보다 승무원이 부족했고 승객은 정원을 초과했다. 무엇보다 기상 여건이 좋지 않은데도 무리하게 운항한 것이 사고의 직접적인 원인으로 드러났다.

/ 재난뉴스 기자

★ □ 칸 안에 ∨표를 하면서 행동 요령을 기억하세요!

재난대처방법 풍랑

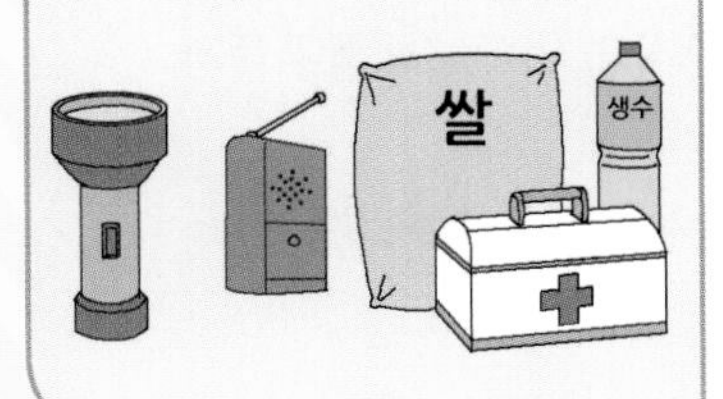

풍랑 대비

- □ 풍랑 발생 시 어떠한 상황이 예상되는지 미리 알아둔다.
- □ 비상 상황을 대비해 대피장소와 대피로를 알아둔다.
- □ 생필품인 비상식량, 식수, 응급약품, 손전등 등을 미리 준비한다.
- □ 소형 어선은 안전한 육지로 인양하고 결박 · 고정해 놓는다.
- □ 비상시 대처 방법을 미리 알아두고 비상연락망을 구축해 놓는다.

풍랑주의보 및 경보 때 해안가에서

- □ TV, 라디오, 인터넷을 통해 풍랑 정보를 수시로 확인한다.
- □ 관공서의 재난 예 · 경보를 주의 깊게 듣는다.
- □ 외출을 삼가며 특히 어린이나 노약자는 집 안에 머무른다.
- □ 해안가 접근을 삼가고 낚시객이나 야영객은 인근의 안전한 장소로 대피한다.
- □ 높은 파도가 발생할 경우 위험하므로 방파제나 방조제 등에 접근하지 않는다.
- □ 해안가 주택이나 영업점은 신속한 대피를 위해 미리 준비한다.
- □ 해안도로는 위험하니 통행을 삼간다.
- □ 대피 방송이 없더라도 위험을 느낄 때는 신속히 대피한다.

풍랑주의보 및 경보 때 해상에서

- □ 항해나 조업 중인 어선은 주의하며 신속히 대피한다.
- □ 해상의 선박은 관련 기관과 수시로 연락하며 대피한다.
- □ 어망 설치를 중지하고 철거한다.
- □ 항구에 있는 어선이나 선박은 충돌 및 침몰 방지 조치를 취한다.
- □ 소형 어선은 안전한 육지로 옮겨 결박한다.

풍랑주의보 및 경보 때 **수산 시설**

- ☐ 양식장 등 수산 시설을 점검 · 정비해 시설이 떠내려가는 것을 방지한다.
- ☐ 이동 가능한 양식자재 · 해상 작업대 등은 안전한 장소로 옮겨둔다.
- ☐ 항구나 포구, 어선 등에 적재된 *어구는 안전한 장소에 둔다.
- ☐ 인양 가능한 시설물은 안전한 곳으로 옮겨둔다.
- ☐ 양식장에 보호망을 보강해 어류가 도망가는 것을 방지한다.

*어구 고기잡이에 쓰는 여러 가지 도구.

풍랑주의보 및 경보 때 **항만 시설**

- ☐ 크레인 등 하역장비가 넘어지는 것을 방지하고 안전장치를 점검 · 정비한다.
- ☐ 컨테이너 등 적재화물을 결박하고 접근을 금지한다.
- ☐ 항만 공사 중인 현장은 신속히 보강 작업을 진행하고, 붕괴 방지 조치를 취한다.
- ☐ 항만 공사장의 공사 장비를 안전한 장소로 옮기고, 작업 인부도 안전한 장소로 대피한다.

풍랑이 멈춘 뒤

- ☐ 사유시설 등에 대한 보수 · 복구를 할 때는 반드시 사진 촬영을 한다.
- ☐ 관청에서 내리는 지시에 따라 순차적으로 복구한다.
- ☐ 파손된 전기시설은 손으로 만지거나 접근하지 않는다.
- ☐ 피해가 크더라도 절대 흥분하지 말고 침착하게 처리한다.

재난지식 노트

풍랑의 정의와 종류에 대해 기억해요!

풍랑의 정의

꼭 기억하자!

❶ 바람과 물결을 아울러 이르는 말.

❷ 해상에서 바람이 강하게 불어 일어나는 물결을 말한다.

❸ 일반적으로 바람으로 인해 해수면이 거칠어지고 높아져서 뾰족한 삼각형을 이루는 경우가 많다.

❹ 바람에 따라 미세한 파도가 나타나다 풍속이 1~2 m/s 이상 되면 보통 풍랑이라고 하는 파도가 된다.

풍속에 따른 풍랑의 종류

❶ 풍속 23.2 cm/s 이하 고기비늘 모양의 세파가 나타나며 이것을 표면장력파라고 부른다.

❷ 풍속 1~2 m/s 보통 풍랑이라 하며 중력파로 변하고 파의 마루가 점점 뾰족해진다.

❸ 풍속 3~5 m/s 백파라 하며, 풍속 10 m/s 이상이 되면 해면에 거품조각이 나타나고 거품에 줄이 생긴다.

❹ 풍속 20 m/s 이상 물안개가 일면에 펼쳐진다.

풍랑과 너울의 차이

❶ 풍랑은 파고가 10 m 이상, 파장이 200 m 정도다. 너울은 어느 해역에서 발생한 풍랑이 다른 지역으로 전파된 물결을 뜻한다.

❷ 너울은 풍랑과 달리 봉우리가 둥글고 비교적 규칙적이며 파장이 긴 것은 300~400 m 이상 된다.

❸ 풍랑과 너울을 총칭해 파랑이라고 부른다.

풍랑의 통보

구분	내용
풍랑주의보	해상에서 풍속 14 m/s 이상이 3시간 이상 지속되거나 *유의파고가 3 m를 초과할 것으로 예상될 때. *유의파고 특정 시간 주기 내에서 일어나는 모든 파고 중 가장 높은 3분의 1에 해당하는 파고의 평균 높이.
풍랑경보	해상에서 풍속 21 m/s 이상이 3시간 이상 지속되거나 유의파고가 5 m를 초과할 것으로 예상될 때.

8 산사태

뭘 그렇게
재미있게 보고 있어?
삼촌이 추천하신
애니메이션.

재미있는 거 있으면
같이 봐야 할 거 아냐!
방금 시작했다고!

좌아아아
엄마, 비가
너무 많이 와서
무서워요.
엄마가 있으니
걱정하지 말고
어서 자렴.
낼름
낼름

쿠르르르

지진인가?
아냐, 혹시?
큰일이다! 어서
나가야 해!
벌떡

얘들아, 저쪽으로 달려가!
엄마, 갑자기
무슨 일이에요?
후다다닥

좌아아아악

조금만 늦었어도
큰일 날 뻔했다.
쿠르르르

엄마, 우리 이제 어떻게 해야 돼요?

산사태가 일어나기 전에 여러 가지 징후들이 있거든.

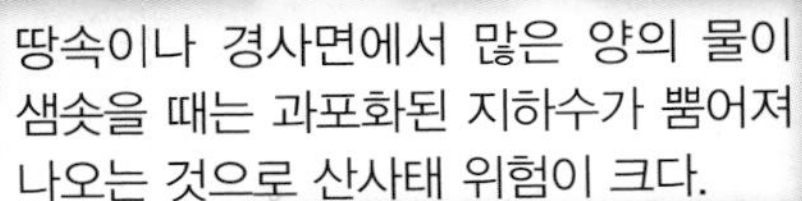

산사태가 일어나는 요인

1. 중력사면 이동(mass wasting)

- *표토와 암석체가 중력에 의해 경사면 아래로 움직이는 현상.
- 경사면의 각이 낮아지면 평행 상태 또는 안정 상태라고 하는데 이를 안식각이라고 한다.

*표토 토양 단면의 최상위에 위치하는 토양.

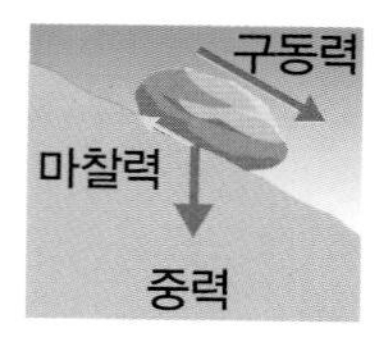

2. 물질의 물 함량

지반이 물에 포화될 때 내부 마찰력이 감소해 쉽게 이동하게 된다. 예를 들어 약간 젖은 모래의 상태는 건조한 모래의 상태보다 더 안정적이다. 그 이유는 물의 응집력인 표면 장력 때문이다. 그러나 물의 함량이 많으면 물이 입자들을 분리시켜 쉽게 미끄러지고 흐르게 만든다.

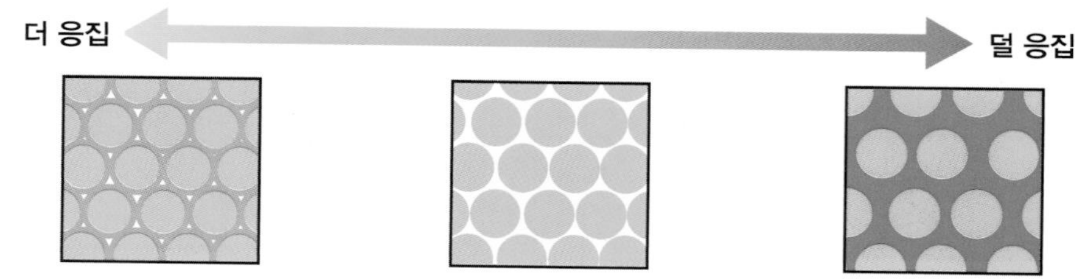

지반꺼짐(slump)

지하수 *채수 등의 이유로 땅 아래 공간이 생겨 지반이 내려앉는 하부침식이나 호우로 인해 흙이 움푹 꺼지는 현상. 언덕배기가 내려앉는 현상도 빈번히 발생한다.

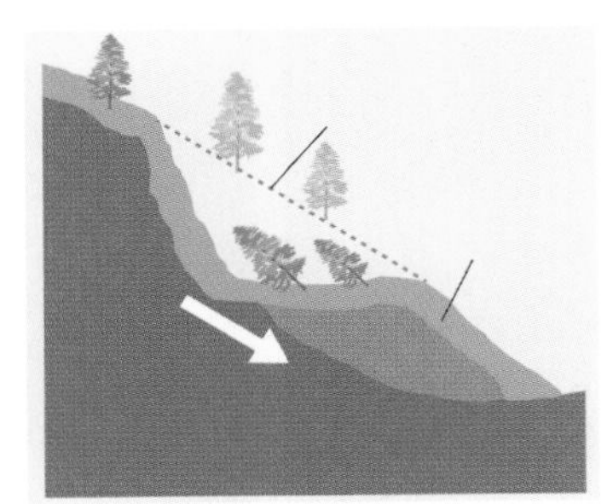

*채수 강물이나 바닷물의 물리적 · 화학적 특성을 연구하기 위해 서로 다른 깊이의 물을 떠올리는 일.

낙하(fall)

분리된 덩어리 형태의 물질이나 암석이 빗면으로부터 떨어져 낙하하는 현상. 여러 요인으로 인해 암석의 강도가 약화됐을 때 중력에 의해서 발생한다.

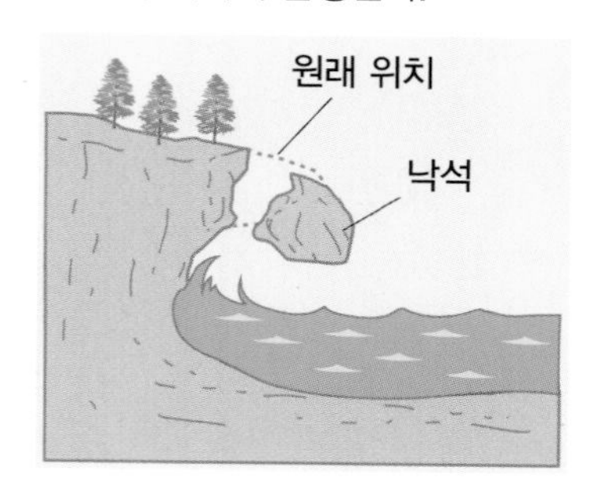

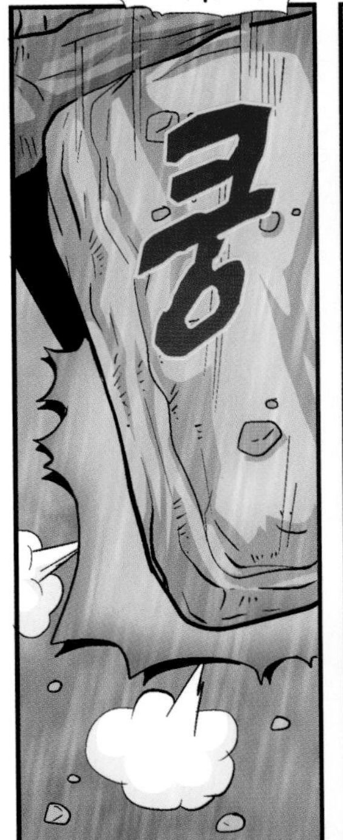

넘어짐(topple)

경사면의 끝에서부터 불연속면의 내부 수압 및 중력에 의해 암석이 부서져 넘어지는 현상. 흔히 전도파괴라고 한다.

쏴아아아
자, 여기만
넘어가면 괜찮을 거야.
어서 가자!

쏴아아
얘들아, 형 잘
따라와!
형, 같이 가!
얘들아, 위험하니 조심하렴!
타다닥

풍덩
으악!
형!
엄마! 형이 물에
빠졌어요!

타다닥
읍! 엄마,
살려주세요!
첫째야, 조금만
기다려라. 엄마가 갈게!
푸하

이얍!
타악

풍덩
파악
물살이 너무 강해서
움직일 수가 없어….
촤아아악

안 돼. 멈출 수 없어.
힘을 내야 해!
첨벙
첨벙
조금만 더!
파 박

츄 악
잡았다!
턱

탁
으악!

무사해서
다행이다.
촤아아악
엄마, 빨리 밖으로
나오세요!

앞에 나무
조심하세요!
슈우욱

퍽
으악!

엄마!

엄마!

어서 정신 차리세요!

쏴아아아아

급류(torrent)

주로 집중호우로 일어나며 경사가 급한 계곡이나 배수로를 따라 토석류가 빠른 속도로 쓸려 내려오는 현상.

토석 미끄러짐(slide)

암석이나 물질이 오랜 풍화 작용으로 분리되면서 빠른 속도로 미끄러져 흘러내리는 현상. 미끄러짐은 위로 오목한 빗면 하부 형태의 회전형과 평평한 파괴 면을 따라 움직이는 병진형으로 나뉜다.

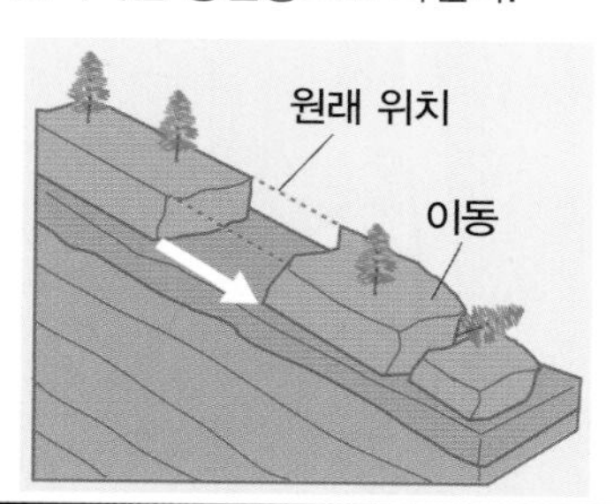

흐름(flow)

점성이 강한 포화된 물질이 빗면 하부로 흘러내려갈 때를 말한다. 지반 꺼짐보다 빠른 속도로 발생한다. 점성이 크기 때문에 돌덩어리나 나무 등을 움직일 수 있다.

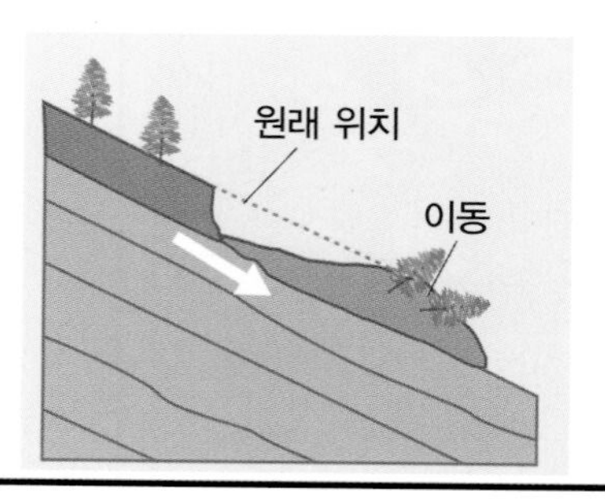

엄마….
엉
엉
훌쩍
모두 나 때문이야.
녀석들, 때마침 잘 만났다!
배가 너무 고팠는데 말이지.
두
둥
스윽
깜짝
으악! 느, 늑대다!

파
악
쿠
앙
으악!
쿵
짜
안
엄마!
감히 우리 애들을 잡아먹으려고 하다니!

엄마, 무사해서 다행이에요.
우리 아가들 걱정했지?
방긋
낼름
낼름
비도 그쳤으니 이제 안전할 거야.

푸핫, 너 지금 우는 거니?
너무 감동적이야….
훌쩍
훌쩍

재난뉴스

2011년 7월 27일

우면산 산사태로 큰 피해

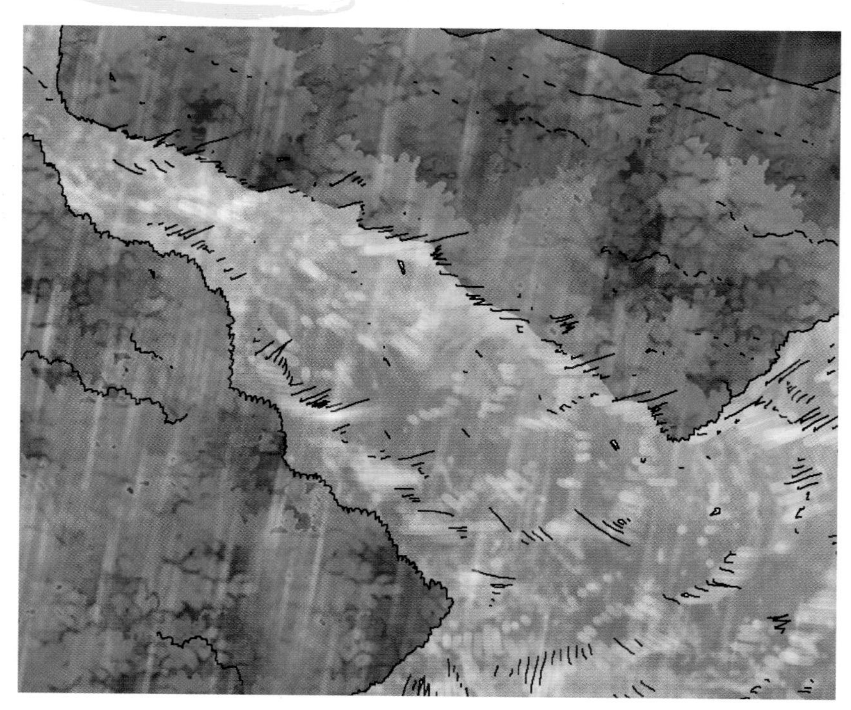

2011년 7월 27일 오전 8시경 서울시 서초구 우면산 일대.

수도권을 중심으로 시간당 100 ㎜가 넘는 집중호우가 쏟아졌다.

주택과 도로가 침수되는 등 강남에 물난리가 났고, 서초구 우면동에 위치한 우면산 주위로 산사태가 발생했다.

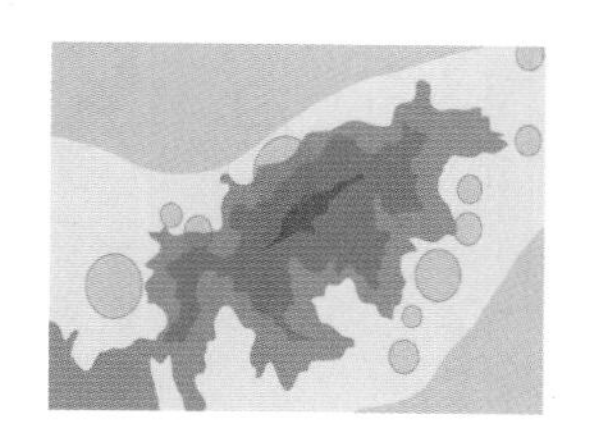

이 산사태는 우면산 10개 지역 이상에서 동시다발적으로 발생했다.

토사와 물이 인근 마을과 아파트 단지를 덮쳤고 큰 인명 피해와 재산 피해를 냈다. 아파트 3층 높이까지 직격탄을 맞았고 진흙은 지하주차장까지 밀고 들어갔다.

이 산사태로 16명이 사망하고 2명이 실종됐으며 400여 명이 대피했다.

우면산 산사태는 역대 최악의 서울 시내 참사 중 하나로 기록됐다.

우면산 산사태는 분명 천재(天災)였지만 산지 관리가 미흡했고, 주민들에게 대피 조치를 하지 않아 피해가 커졌다.

/ 재난뉴스 기자

재난대처방법 산사태

산사태 대비

- □ 거주 지역이 산사태 취약 지역인지 미리 확인한다.
- □ 대피로와 대피 장소를 미리 확인한다.
- □ 산사태 사전징후와 산사태 단계별 행동 요령을 미리 알아둔다.
- □ 집 주변의 배수로, 산림 등을 점검 · 정비한다.
- □ 가족이나 이웃 간의 연락망을 점검하고 비상시 대피 방법을 알아둔다.

산사태 주의보 때 모든 지역

- □ TV, 라디오, 인터넷을 통해 기상 정보를 알아둔다.
- □ 산사태 관련 행정기관의 안내를 관심 있게 듣는다.
- □ 산사태가 일어날 위험이 있는 장소에는 접근하지 않는다.
- □ 산사태 사전징후와 행동 요령을 재차 확인한다.
- □ 등산객이나 산간계곡의 야영객은 안전한 장소로 대피한다.

산사태 주의보 때 산사태 취약 지역

- □ 기상 상황을 수시로 확인하고 위험 상황에 대한 SMS 및 방송 정보를 지속적으로 확인한다.
- □ 산사태 취약 지역 주민은 대피를 준비한다.
- □ 대피로와 대피 장소를 확인하고 생필품 등을 준비한다.
- □ 외출을 삼가며 특히 어린이나 노약자는 집 안에 머무른다.
- □ 비상연락이 가능한 장소에 있으면서 상황을 예의 주시한다.
- □ 산사태 징후가 있을 경우 즉시 대피하고 관련 기관에 신고한다.

산사태 경보 때 **모든 지역**

- ☐ TV, 라디오, 인터넷을 통해 산사태 경보 발령 지역을 확인하고 그 지역 안에 있을 경우 신속히 대피한다.
- ☐ 산림 주변에서의 야외활동을 금지한다.
- ☐ 산사태 발생 상황을 확인한 경우에는 즉시 신고한다.
- ☐ 피해가 우려될 경우 119나 산림구조대 등에 구조를 요청한다.

산사태 경보 때 **산사태 취약 지역**

- ☐ 산사태 취약 지역 주민은 미리 대피한다.
- ☐ 대피할 때 가스나 전기 등을 차단해 2차 피해를 예방한다.
- ☐ 대피하지 않은 주민에게 위험 상황을 전파한다.
- ☐ 대피 후에는 기상 상황 등의 추이를 지켜보며 대기한다.

산사태 경보 때 **실내 · 외에서**

실내

- ☐ 섣불리 행동하지 말고 집 안에서 대기한다.
- ☐ 테이블이나 책상 등 견고한 가구 아래로 대피한다.

실외

- ☐ 산사태 방향과 먼 방향의 가장 높은 장소로 대피한다.
- ☐ 바위 등 산사태 잔해물이 밀려오면 근처의 나무나 건물이 밀집해 있는 장소로 대피한다.
- ☐ 탈출이 불가능하면 몸을 움츠리고 머리를 보호한다.

산사태가 멈춘 뒤

- ☐ 산사태 발생 지역 근처에 접근하지 말고 안전한 곳에서 상황을 본다.
- ☐ 부상자나 고립된 사람이 있는지 철저히 수색한다.
- ☐ 건물은 안전점검을 실시한 다음 출입한다.
- ☐ 피해를 입은 시설을 발견하면 관련 기관에 신고한다.
- ☐ 돌발 홍수가 일어날 수 있으니 나무를 다시 심는다.

재난지식 노트

산사태의 사전징후가 무엇인지 파악하고, 산사태로부터 안전한 지역이 어디인지 기억해요!

산사태의 정의

❶ 산의 일부를 이루고 있는 암석이나 토양 등 지표상의 지반 재료가 경사면을 따라 급격하게 무너져 내리는 현상.

❷ 태풍이나 장마철에 주로 급경사지에서 발생한다.

산사태의 원인

❶ 집중호우 등으로 지하수위가 상승하는 경우.

❷ 경사도가 높은 하천과 계곡의 빗면 하부가 침식되는 경우.

❸ 풍화가 심한 지질 상태와 지진의 진동에 의해 지반이 약해지는 경우.

산사태로부터 안전한 지역

☆ 꼭 기억하자!

❶ 비교적 평탄하고, 경사각의 급격한 변화가 없는 지역.

❷ 경사의 정상에서 떨어져 있는 봉우리의 정상이나 기울어진 면.

❸ 단단하고 이음부가 없으며, 과거에 이동된 적이 없는 암반.

산사태 위험이 있는 지역을 조심해야겠죠?

산사태 위험이 있는 지역

❶ 과거에 산사태가 발생한 적이 있는 지역.

❷ 암석이 화강암이나 편마암으로 이루어진 지역.

❸ 토양층이 서로 다른 이질지층이나 모래질, 부식토로 형성된 지역.

❹ 중간 정도의 경사를 지닌 산지 지역.

❺ 뿌리가 깊은 활엽수림보다 뿌리 깊이가 얕은 침엽수림 지역.

❻ 골짜기의 길이가 긴 지형이나 상류는 넓고 하류는 좁은 지형.

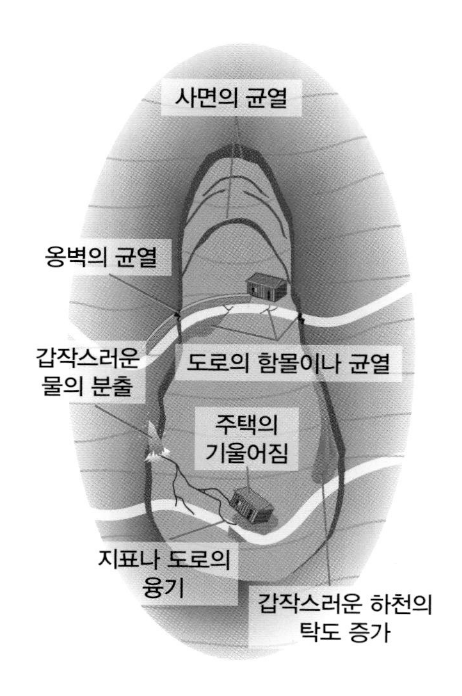

산사태의 사전징후

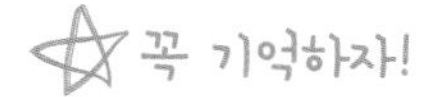

❶ 갑자기 산허리의 일부가 균열이 가거나 내려앉는 경우.

❷ 바람이 불지 않는데도 나무가 흔들거리거나 넘어지고 산울림이나 땅울림이 들리는 경우.

❸ 도로 등에 새로운 균열이 생기거나 비정상적으로 부풀어 오른 경우.

❹ 계단이나 테라스 등과 같은 부속 구조물이 상대적으로 기울거나 이동된 경우.

❺ 콘크리트 바닥이나 기초가 기울거나 균열이 가는 경우.

❻ 전신주나 나무, 울타리 등이 기울어지는 경우.

❼ 비가 그친 지 얼마 지나지 않았거나 비가 계속 내리는데도 계곡의 물이 급격히 줄어든 경우.

숲 가꾸기를 통한 산사태 예방

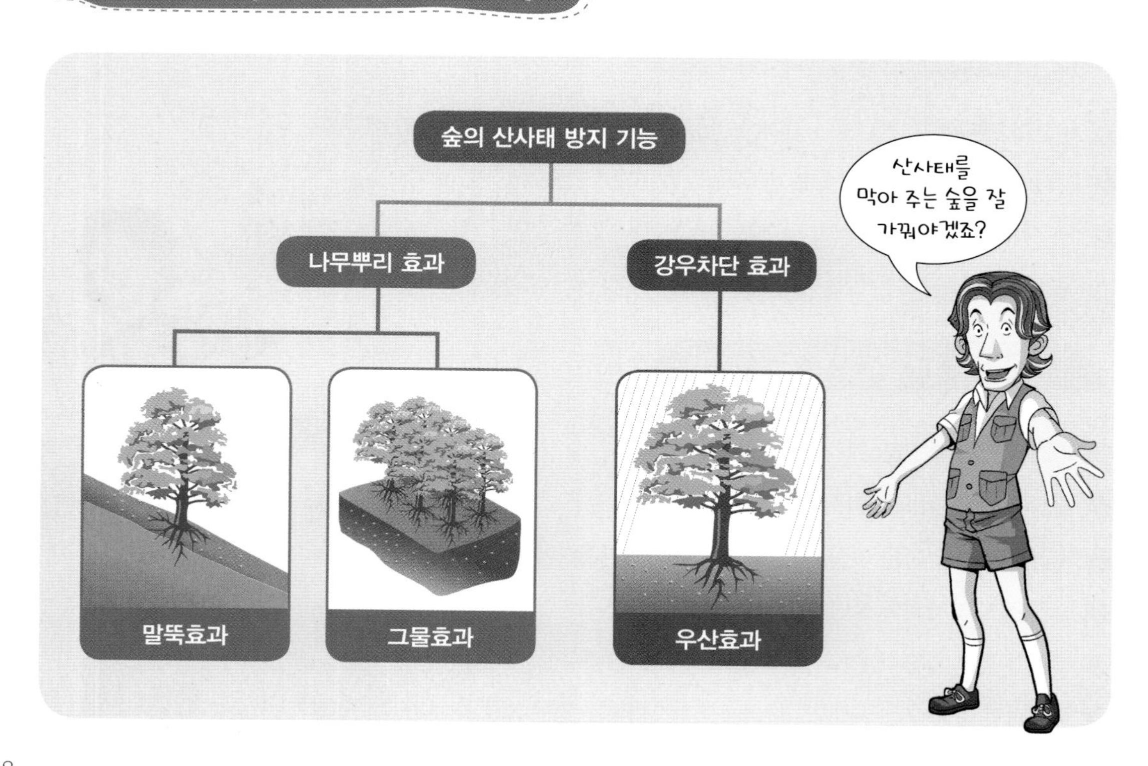

(1) 숲의 산사태 방지 기능

숲의 산사태 방지 기능은 나무뿌리 효과와 강우차단 효과로 나눌 수 있다. 나무뿌리 효과는 다시 말뚝효과와 그물효과로 크게 나눌 수 있는데, 먼저 말뚝효과는 나무의 굵은 뿌리가 암반층까지 침투해 말뚝과 같은 역할을 함으로써 산사태 발생을 억제시키는 것을 말한다. 그물효과는 나무의 가는 뿌리들이 서로 얽혀 그물망을 형성해 흙이 쉽게 움직이지 않도록 하는 것을 말한다. 마지막으로 강우차단 효과는 나무 수관이나 낙엽으로 인해서 강우가 토양에 침투하는 속도와 양을 줄이는 것으로 우산효과라고 말한다.

(2) 산사태에 강한 산림으로 유도하기

산사태에 강한 숲으로 가꾸기 위해서는 우산효과는 물론 말뚝효과와 그물효과가 잘 발휘될 수 있도록 해야 한다. 그러기 위해서는 굵은 뿌리와 가는 뿌리가 수평적 · 수직적으로 골고루 발달해 산림 토양을 붙잡아 줄 수 있도록 개선해야 한다.

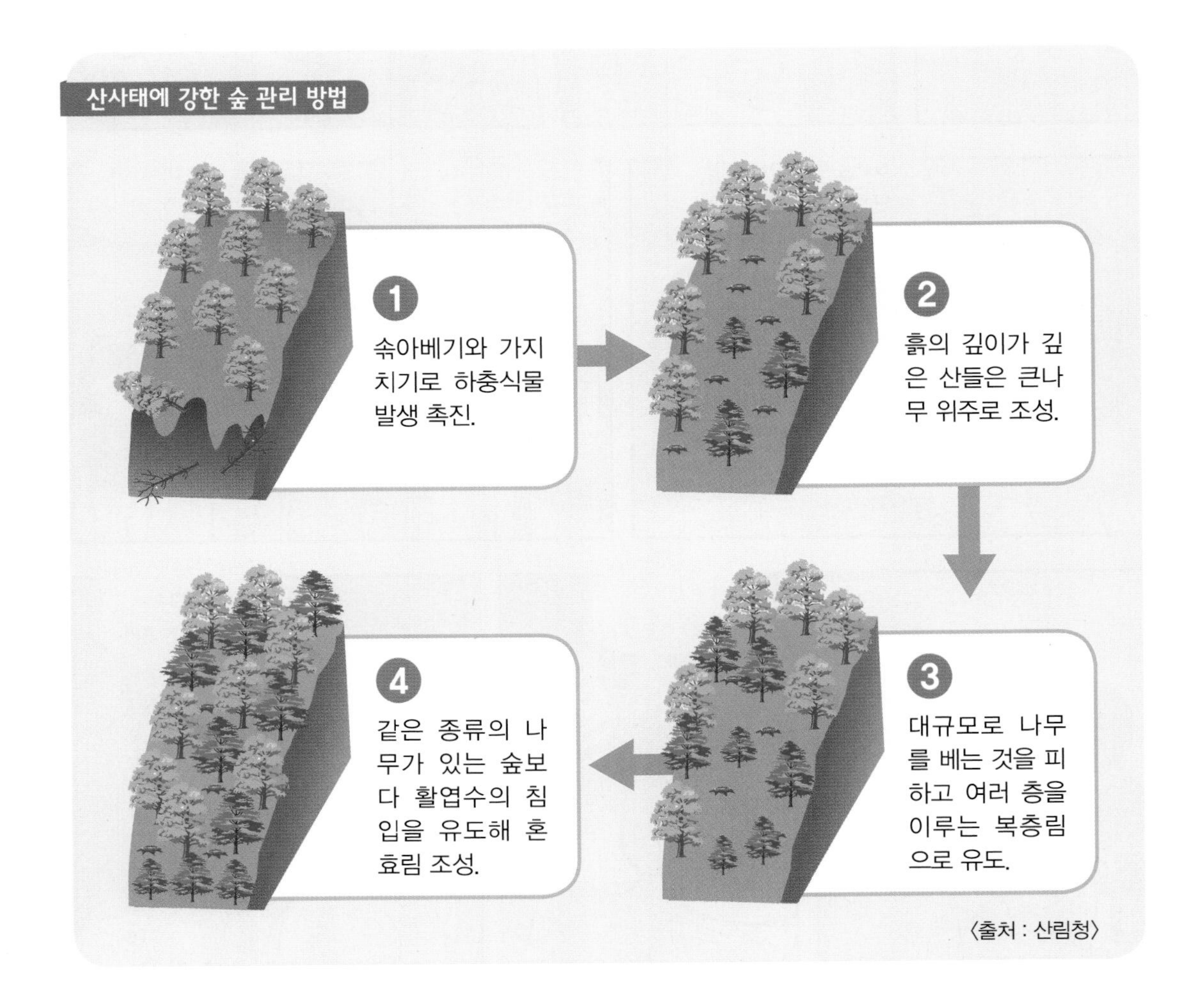

〈출처 : 산림청〉

9 가뭄

맛있게 잘 먹었습니다!

자, 오늘 설거지 당번이 누구더라? 아빠는 어제 하셨고….

그렇다면 오늘 당번은….
살금
살금

어딜 도망가려고! 오늘 네가 설거지 당번인 거 몰라?
버럭
깜짝
헉!

누가 도망간다고 그래?
물 마시러 간 거였거든?

후유, 귀찮아! 그냥 물로 대충 닦지, 뭐!
콸
콸
콸

이 싸~한 느낌은 뭐지?

설거지 똑바로 안 해!
아이, 깜짝이야!

이렇게 물을 펑펑 쓰면서
설거지를 하면 어떡해!
펑펑 쓰든 퐁퐁
쓰든 무슨 상관?

잘 들어! 설거지를 할 땐
식기에 묻은 음식물 찌꺼기를
휴지로 닦은 뒤 해야 해.
슥
슥
쏴아아아

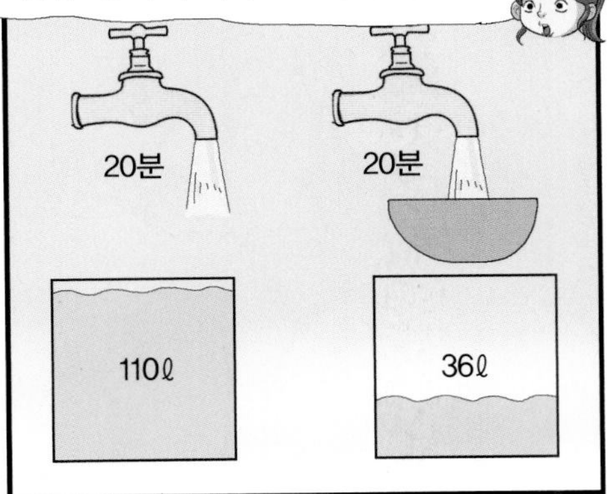
20분 정도 설거지를 할 때 수도를
틀어서 하면 물 110리터가 쓰이고,
물을 받아서 하면 36리터가 쓰여.
20분
20분
110ℓ
36ℓ

74리터나 절약된다고?
2리터 생수병으로 37병이나
절약하는 거네!

이제 좀 실감이 나니?
그러니 물을 아껴 쓰라고.
척

아함~
샤워나 하고
자야겠다.
아함

치카
치카

칼
칼
출렁
출렁
칼

응? 물소리가
왜 계속 나지?
쏴아아아아
누가 물을
틀어놓고 갔나?

헉!
치카
치카
칼
칼

이 녀석! 물이
넘치면 빨리 잠가야지.
게다가 물을 이렇게 넘치도록
받아서 쓰면 어떡해? 아빠가
절수형 샤워기로 바꾸기까지
했는데 말이야.
샤워 시간
1분을 줄이면
물 12리터를
아낀다고!
칼
칼
양치 끝나고 바로
샤워하려고 했어요.

양치할 때도 컵을 이용해서
해야 물을 절약할 수 있지.

또 변기에 벽돌이나
물을 채운 페트병을
넣어두면 물을 좀 더 절약할
수 있단다.
아, 그렇군요!

다음 날

물을 아껴 쓰고 있는지 볼까?
끼익

이 녀석, 어제 그렇게 말해 줬건만.
또 물을 낭비하네.
콸
콸
콸
물푸푸
얼굴에 비누칠을 하고….

어! 물이 왜 안 나오지?
멈칫
비누 때문에 눈 매워 죽겠는데 왜 안 나와?
흔들
흔들
엄마, 갑자기 물이 안 나와요!
타다다닥

참, 오늘부터 3일에 한 번씩 급수가 제한된다고 하더라.
깜
짝
네? 3일에 한 번씩이나요?

내 정신 좀 봐. 이렇게 중요한 걸 깜빡하다니!
아이, 눈 매워. 그냥 수건으로 닦아야겠다.
슥
슥

자, 그럼 일요일이니
대청소를 시작해 볼까?
짜안
아빠, 물이 안 나와서
걸레질을 할 수 없는데요.

걱정하지 마. 꽃에 물을
주려고 담아놨던 게 있어.
이 정도면 충분해.
스윽
물이 부족할 땐 이렇게
허드렛물을 최대한
활용하는 거야.

엥? 근데 저기 떠
있는 건 뭐지?

으악! 파리와 바퀴벌레가
죽어 있잖아!
둥
둥
둥
그것도 한두
마리가 아니야!

아빠, 이런 더러운 물로
어떻게 청소를 해요?
휙-
이 녀석, 아직도
물 귀한 줄 모르네.

제 방 청소는 사양할게요.
그 물로 했다가는 고약한
냄새가 진동할 것 같아요.
알았다. 네가
알아서 해라.

청소도 끝났으니
아침 먹자!

아니, 이게 뭐예요?
깜
짝

쌀 씻을 물도 없고
해서 그냥 빵으로
준비했어.

우유도 떨어졌으니
그냥 물 마시렴.
엄마,
물도 이것밖에
없어요?
척ー
가뭄일 때는 물도
아껴 마셔야지.

이게 뭐람.
오물 오물

물도 제대로
마실 수 없다니!
후루룩

잘 먹었습니다.

너 오늘 친구들이랑
축구 시합 있다고
하지 않았니?

참, 오늘 3반 애들이랑
시합 있는 걸 깜빡했네!
탁ー

아빠, 고마워요!
공부를 저렇게
열심히 했으면.
후다다닥

이얍! 너희들은 우리
상대가 안 되지!
뻥-
츄악-
다녀왔습니다.
타다닥
그래, 시합 결과는
어떻게 됐니?
슥-
당연히 우리 반이
3대 0으로 이겼죠.
제가 두 골이나
넣었거든요!

엄마, 물 어디에 있어요?
냉장고에 있을 거야.
네, 목 말라
죽겠어요!
힝~ 엄마, 이게
뭐예요? 한 모금밖에
안 되겠어요.
어쩌겠니? 지금
그것밖에 없구나.
생수는 모두 품절이더라.
마트에서도 일요일이라 재고가
없다고 하고.

에고~ 어쩔 수 없죠.
헉
헉

엄마, 빨아놓은
티셔츠 없어요?
스윽
이를 어쩌나. 빨래는 한 번에
몰아서 일요일에 하는데
오늘 딱 급수가 중단돼서
빨래 해 놓은 게 없네.
꾸릴
꾸릴

그럼 땀냄새 나는 옷을
계속 입고 있어야 해요?
쿵
쿵
내 원피스라도
빌려 줄까?

마실 물도 없고,
입을 옷도 없고,
이게 뭐야!
으아앙

형수님, 저
왔습니다.
누가 이렇게
서럽게 우니?
스윽
어서 와!
어서 오세요.

삼촌, 저 물 많은
나라로 이민 갈래요!
헉!
와락
갑자기 무슨
뚱딴지같은 소리야?
헙! 이게 무슨 냄새지?

가뭄 때문에 급수가
중단돼서 불편한가 봐요.
끄
응
칫, 물 펑펑
쓸 땐 언제고!

강수 유발 요건

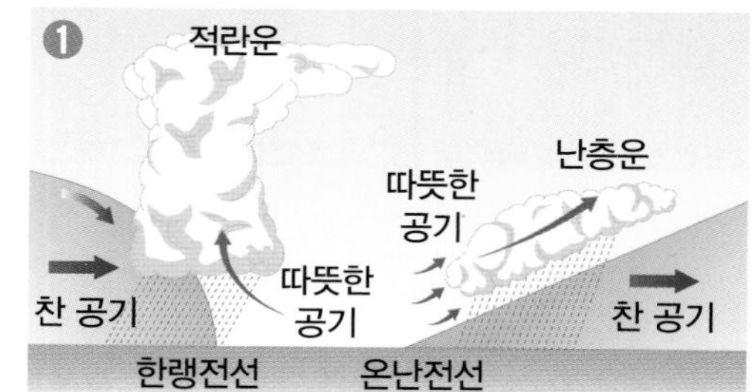

찬 공기와의 접촉

대기의 강제 상승

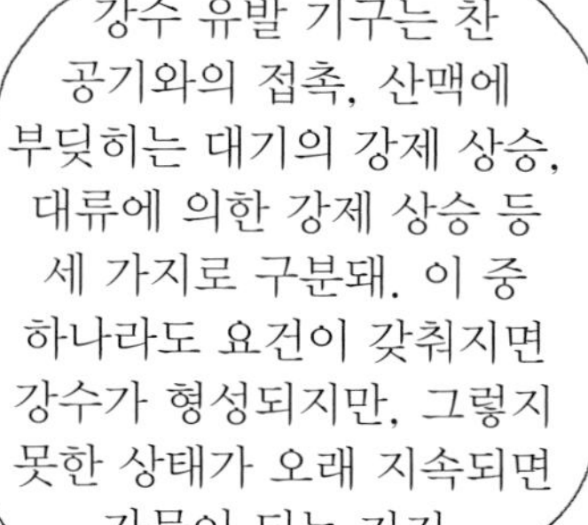

대류에 의한 강제 상승

가뭄 단계별 대책

가뭄 1단계

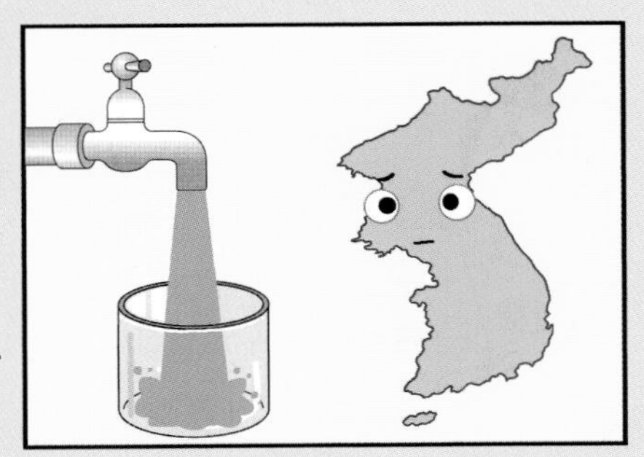

★ 10 % 감량 공급 시
- 급수 부족 지역이나 고지대의 경우 운반급수 실시.
- 방송이나 캠페인 등을 통한 물 절약 홍보.

★ 10~30 % 감량 공급 시
- 물을 많이 사용하는 업소의 경우 영업시간 단축으로 물 절약.
- 대형 건물이나 공공건물의 물 절약 확대.
- 2일에 한 번이나 3일에 한 번으로 제한 급수.

가뭄 2단계

★ 30~50 % 감량 공급 시
- 공장 등 물을 많이 사용하는 경우 조업 단축.
- 군부대의 인력이나 장비를 활용해 비상 급수 실시.

가뭄 3단계

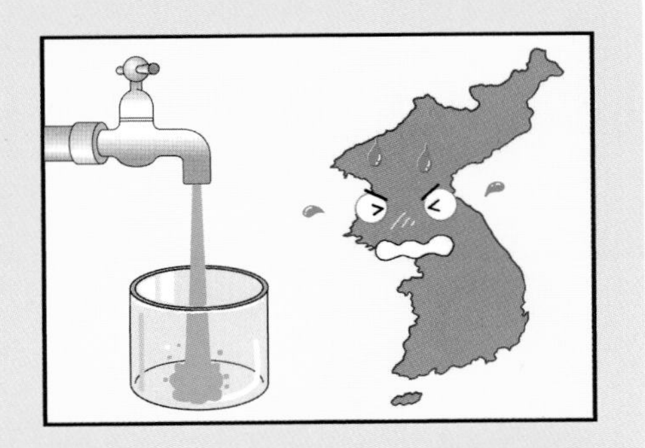

★ 50~60 % 감량 공급 시
- 상황에 따라 3일~5일에 한 번 급수.
- 산업용수의 공급을 중단하거나 감축해 공급.
- 개인이나 군부대의 활용 가능한 관정과 전용 상수도를 공동으로 이용.

★ 60 % 이상 감량 공급 시
- 생활용수를 최소한으로만 공급.
- 물을 많이 사용하는 업소는 격일제로 영업 단축.

가뭄 4단계

★ 급수 중단
- 마실 수 있는 샘물 공급.
- 식수배급제를 실시해 최소한의 물만 공급.

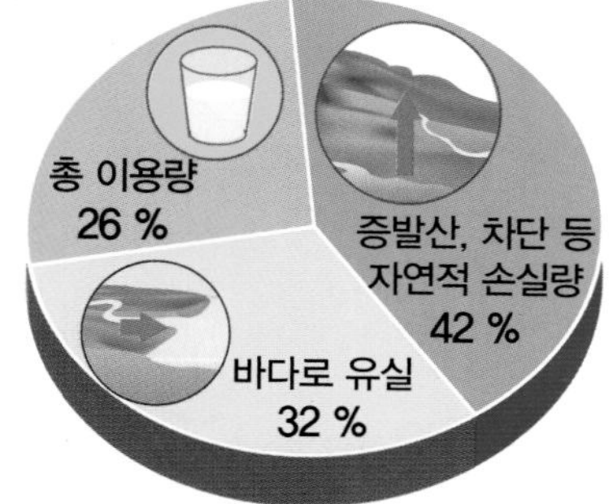

우리가 실제 사용할 수 있는 물의 양

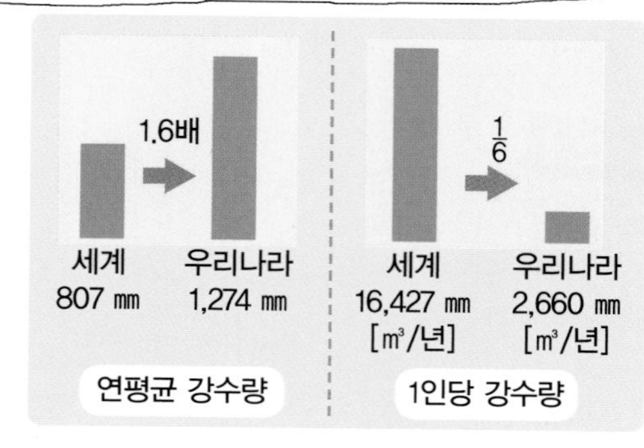

우리나라 연평균 강수량과 1인당 강수량

〈출처 : 한국수자원공사〉

저도 이번 일로 물의 고마움을 새삼 깨달았어요. 앞으로 물을 소중히 아껴서 쓸게요.
척-
그게 정말이니?
방긋
내가 이렇게 손 놓고 기다릴 순 없지.
제가 비가 오게 해 볼게요!
불끈
엥? 그게 무슨 말이니?
하늘이시여~ 제발 비를 내려 주시옵소서!
넙죽
우리가 너무했나? 여보, 이제 수도 밸브 열어도 될 것 같아.
하하하하
그러게요. 앞으로 물 아껴 쓰겠죠?
물을 절약하는 습관을 들이기 위해 단수됐다고 거짓말했거든요.
하하! 그랬군요.

재난뉴스

2015년 6월 19일

가뭄으로 소양호 바닥 드러나

2001년 가뭄으로 경기북부지역을 중심으로 물 부족이 심화돼 전국적으로 54개 시 · 군에서 농업용수가 부족해졌다.

생활용수 부족은 상수도 보급률이 낮은 농어촌 및 가뭄 취약 지역인 도서 지역에서 주로 발생했다. 전국적으로 1회 이상 제한급수 또는 운반급수를 경험한 시 · 군은 86개로 조사됐다.

제한급수 지역이 가장 많았던 시기는 6월 17일로, 86개 시 · 군에서 30만 5,000명이 제한급수를 겪었다.

2001년에 발생한 가뭄은 과거에 발생한 가뭄과는 비교되지 않을 정도로 극심했다. 가뭄 피해 지역은 전국 7개도에 걸쳐 25개 시, 59개 군에 이른 것으로 나타났다.

이 중 가뭄 피해 지역이 가장 넓은 곳은 전라남도와 경상북도로, 각각 19개 시 · 군과 14개 시 · 군에서 피해를 입었다. 대규모 댐과 저수지의 혜택을 받은 지역을 제외하고는 대부분의 지역이 피해를 입었다.

최근 30년간의 3월~5월 강수량을 2001년 3월~5월 강수량과 비교했을 때, 모든 유역이 평소의 40 % 수준에도 미치지 못했다. 이러한 현상은 2001년 봄 가뭄이 얼마나 극심했는지를 단적으로 보여준다.

2015년 가뭄도 극심했다. 2015년 6월 19일 기준, 소양강댐의 수위가 152.24 m를 기록해 1978년 6월 24일의 151.93 m를 기록한 이후 최저 수위에 도달했고, 소양호는 바닥이 드러났다.

가뭄 발생에 대비하기 위해서는 각 가정과 사업장 등에서 절수를 생활화하고 물 부족 극복을 위한 전 국민의 적극적인 물 절약 동참이 필요하다.

/ 재난뉴스 기자

재난대처방법 가뭄

가뭄 대비 도시 지역

- □ 물을 절약하는 습관을 생활화한다.
- □ 다른 용도로 다시 사용 가능한 물은 최대한 다시 사용한다.
- □ 변기에 벽돌 등을 넣어 물을 절약한다.
- □ 설거지나 샤워는 물을 받아서 한다.
- □ 빨래는 한 번에 모아서 세탁한다.
- □ 절수형 샤워기를 사용한다.
- □ 많은 양의 물을 사용하는 목욕탕이나 세차장에는 절수기를 설치한다.
- □ 폐수를 버리거나 하천을 오염시키는 일은 하지 않는다.

가뭄 대비 농 · 어촌 지역

- □ 영농기 전에 수로나 양수기 등을 점검 · 정비한다.
- □ 논이나 밭의 수분 정도와 농작물 상태를 유심히 관찰한다.
- □ 우물 등 용수원을 가뭄이 오기 전에 개발한다.
- □ 논물 가두기 등 철저한 물 관리로 용수를 확보한다.
- □ 가뭄 상습지에서는 내만식성 품종을 재배한다.

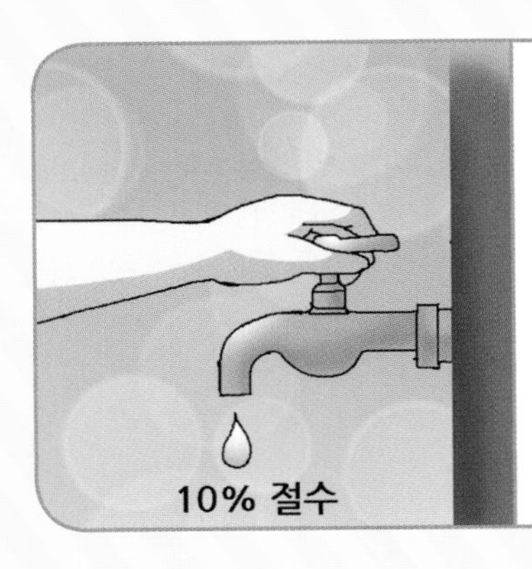

가뭄이 우려될 때

- □ 절수 운동을 전개하고 방송매체 등을 통해 홍보한다.
- □ 모든 국민이 절수 운동에 적극적으로 참여한다.
- □ 생활용수의 10 %를 절수하는 운동을 강화한다.
- □ 적극적으로 수질오염을 예방한다.
- □ 가뭄 발생 지역에 긴급 용수원 개발을 추진한다.

재난지식 노트

가뭄의 정의와
가뭄으로 인한 피해에
대해 기억해요!

가뭄의 정의

꼭 기억하자!

❶ 오랜 기간 비가 내리지 않아 메마른 날씨.

❷ 일반적으로 평균 이하의 강수량을 지속적으로 보이는 현상.

가뭄의 분류

❶ 기후학적 가뭄 : 사용 가능한 물로 전환된 강수량이 기후학적 평균에 미달하는 것을 뜻한다.

❷ 기상학적 가뭄 : 강수량을 중시한다는 점에서 기후학적 가뭄과 같다. 그러나 강수량 외에 증발량, *증산량 등을 고려한다는 점에서 차이가 있으며 각 나라별 상황에 따라 정의가 다르게 적용된다.

❸ 수문학적 가뭄 : 댐, 저수지, 하천 등에 물이 고갈돼 물 부족의 피해가 예상되는 것을 뜻한다. 단순한 물 부족 현상을 수문학적 가뭄이라고 부르기도 한다.

❹ 농업적 가뭄 : 특 · 농작물 성장에 필요한 토양 수분이 확보되지 못하는 것을 말한다. 오로지 토양 수분에만 의존해 결정된다.

*증산량 식물체 표면에서의 증발량.

각 나라별 기상학적 가뭄의 기준

나라	가뭄의 기준
미국	48시간 이내에 강우가 2.5 ㎜보다 적은 경우
영국	하루 강우가 2.5 ㎜보다 적은 날이 연속으로 15일 이상인 경우
리비아	연강우량이 180 ㎜ 이하인 경우
인도	실제 계절 강우량이 평균 편차의 2배보다 부족한 경우
발리	비가 없는 날이 6일 이상 지속될 경우

가뭄의 정도

단계	지수범위	가뭄 상황
매우 가뭄	–2.0 미만	작물 손실, 광범위한 물 부족, 제한급수 고려 필요
가뭄	–2.0 ~ –1.0	작물에 다소 피해 발생, 물 부족 시작, 자발적 절수 요구
정상	–1.0 ~ 1.0	식물 성장에 필요한 정도로 강수가 충분함
습함	1.0 이상	충분한 강수로 인해 가뭄 상황 없음

가뭄으로 인한 피해

꼭 기억하자!

피해 종류	내용
직접적 피해	• 농업용수 부족으로 인한 농작물 피해, 수산 · 양식업 피해 및 가축 피해 • 공업용수 부족으로 생기는 생산 중단에 따른 손실 • 생활용수 공급 부족에 따른 생활 불편 및 피해 • 각종 용수 판매량 감소에 따른 손실 • 재난 복구, 보조 및 지원
간접적 피해	• 수자원 개발을 위한 추가 경비 발생 • 사회적 불안감 • 각종 생산품의 공급 부족에 따른 물가 상승 • 물 부족으로 인한 질병의 증가와 이에 따른 피해 • 수질오염 증가에 따른 정수시설에 드는 추가 경비 발생

10
폭염

폭염
대비

아파트 공사 현장

저기 산 아래
말씀하시는 거죠?
스윽
한국재난안전기술원

네, 저 부분은 산사태
위험이 있으니 사방시설이
필요할 것 같습니다.
네, 잘 알겠습니다.
조치를 취하겠습니다.

오늘 날씨가
30 ℃를 넘는다고 하더니
푹푹 찌네요.
쨍 ─
그러게요.
쨍 ─

엥?
후다닥

이보게, 무슨 일인데
그리 급히 뛰어가나?

작업자 한 명이
더위 때문에 갑자기
쓰러졌다고 합니다.
깜짝
뭐라고?
어서 가보세!

이보게, 괜찮나?
이보게!

증상이 어땠나요?
척 –

같이 작업을 하고 있었는데 갑자기 머리가 아프고 어지럽다고 하더니 얼마 지나지 않아 픽 쓰러지더라고요.

푹 –
툭 –

열허탈증인 것 같습니다.
빨리 응급처치를 해 줘야겠어요.
옷을 느슨하게 풀어 주고….

생수병 좀 주세요.
스윽
네, 여기 있습니다.

수건에 물을 적신 다음….
촤악

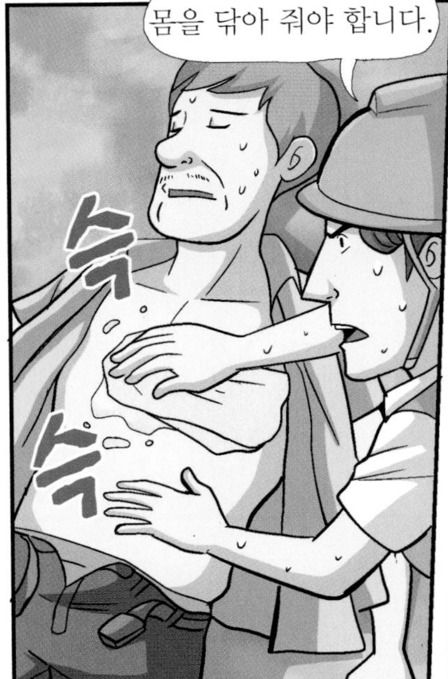
몸을 닦아 줘야 합니다.
슥
슥

누가 식당에 가서 소금 좀 얻어 오세요!
네, 알겠습니다!
타다닥

후다닥
여기 가지고 왔습니다!

물 1리터에 소금 한 스푼 정도 넣으면 0.1 % 농도의 식염수가 됩니다.
소금
1ℓ

자, 어서 마셔요.
꿀꺽
꿀꺽

어! 이제 정신이 좀 드나 봐요.
으, 으윽….
이보세요, 정신이 좀 드세요?
스윽
아직도 좀 어지럽네요.
이보게, 괜찮나?
네, 소장님. 조금 어지럽긴 한데 이제 괜찮아요.
아이고, 정말 고맙습니다.
아닙니다. 당연히 해야 할 일을 한걸요.
송 박사님 아니었으면 큰일 날 뻔했어, 이 사람아!

폭염 발생 시 증상과 응급처치

〈출처 : 안전보건공단〉

유형	발생 원인	주요 증상 및 소견	응급처치
유리제조 열경련	• 과도한 염분 손실 • 식염수 보충 없이 물만 많이 마실 때 발생	• 근육경련 • 30초 또는 2~3분 동안 지속 • 체온은 정상(36.5 ℃)	• 0.1 % 농도의 식염수 공급 • 경련 발생 근육 마사지
용광로 열탈진	• 고온 작업 시 체내 수분 및 염분 손실 • 고온 작업장을 떠나 2~3일 쉬고 다시 돌아올 때 많이 발생	• 피로감, 현기증, 식욕 감퇴, 구역, 구토, 근육경련, 실신 등 • 체온 38 ℃ 이상	• 서늘한 장소로 옮겨 안정을 취함 • 0.1 % 농도의 식염수 공급 • 빨리 의사의 진료를 받도록 조치
열사병	• 체온 조절 장해 • 고온다습한 환경에 갑자기 노출될 때 발생	• 현기증, 오심, 구토, 발한 정지에 의한 피부 건조, 허탈, 혼수상태, 헛소리 등 • 체온 40 ℃ 이상	• 환자의 옷을 시원한 물로 흠뻑 적심 • 선풍기 등으로 시원하게 해 줌 • 의식에 이상이 있으면 즉시 병원 응급실로 후송
열허탈증(열피로)	• 고열 환경 폭로로 인한 혈관 장해(저혈압, 뇌 산소 부족)	• 두통, 현기증, 급성 신체적 피로감, 실신 등	• 서늘한 장소로 옮긴 뒤 적절한 휴식 • 물과 염분 섭취
열발진(땀띠)	• 땀을 많이 흘려 땀샘의 개구부가 막혀 발생하는 땀샘의 염증	• *홍반성 피부 • 붉은 구진 발생 • 수포 발생 *홍반성 붉은 빛깔의 얼룩이 나타나는 성질.	• 시원한 실내에서 안정 유지 • 피부를 청결히 함

오늘 날씨가 더워서 그런지 엔진에 무리가 왔나 봅니다.

치이익

폭염 때문에 사람이 쓰러지더니 기계마저 쓰러지는구먼.

폭염이라고 해서 작업을 안 할 수도 없잖아요.

폭염 시에는 가급적 건설 기계를 작동시키지 않는 게 좋습니다. 작업을 해야 할 상황이면 냉각장치를 수시로 점검해 과열을 방지해야 합니다.

날씨가 더우니 좀 쉬었다 하자!

네~

아, 그렇군요!

식 당

아침부터 여기저기
돌아다녔더니 배가 고프네요.
맛있게 드세요.

와, 반찬이 다
맛있게 보이네요!
잘 먹겠습니다.
탁
웅성
웅성

식당을 꽤 청결하게
관리하시네요.

어머, 당연하죠.
휙-
특히 여름철에는 음식이나
주방에 신경을 많이 쓴답니다.

잘하고 계십니다. 만약 여기서
먹은 음식 때문에 식중독이라도 걸리면
인명 피해는 물론 현장 작업에도
많은 피해가 오죠.
안
전
제
일
삐뽀
삐뽀
어지럽고
토할 것 같아!
아이고, 배야!
식중독 증상
병원 후송

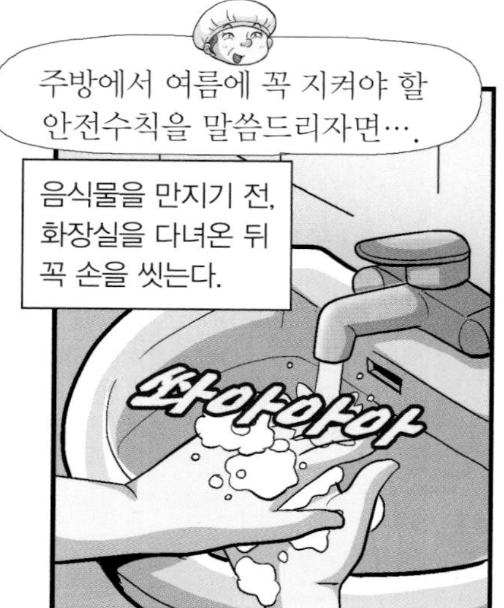
주방에서 여름에 꼭 지켜야 할 안전수칙을 말씀드리자면….
음식물을 만지기 전, 화장실을 다녀온 뒤 꼭 손을 씻는다.
쏴아아아

생선, 육류, 채소 각각에 맞는 도마를 사용한다.
교차 오염으로 인한 식중독이 무섭거든요.

햇볕이 나면 도마를 일광소독해 준다.

음식물은 가열 · 조리해 바로 섭취한다.
보글 보글

가열 · 조리 음식의 중심부가 75 ℃에서 3분 이상 가열되도록 한다.
75 ℃, 3분

음식물을 냉장 · 냉동 보관하거나 뜨겁게 보관한다.
냉동
냉장
뜨겁게

냉장은 10 ℃ 이하, 냉동은 −18 ℃ 이하, 뜨거운 음식은 60 ℃ 이상으로 보관하는 것이 안전하다.
냉장
10 ℃ 이하
냉동
−18 ℃ 이하
뜨거운 음식
60 ℃ 이상

냉장고에 대한 과도한 믿음이 여름철 식중독에 대한 방심을 불러일으킬 수 있으므로 냉장고를 너무 믿지 않는다.
상한 음식

아주 철저하시네요.
지금까지 한 번도 어긴 적이 없답니다.
호호호

바쁘다,
바빠!
최 기사, 어디를 그렇게 바쁘게 가나?
아, 급하게 전선들이 필요해서요!
날씨가 이렇게 뜨거울 때는 아무리 급한 작업이어도 그렇게 빠르게 움직이면 안 됩니다.
잘못하면 쓰러지실 수 있어요.
네, 잘 알겠습니다.
어! 그런데 안전모는 어디에 두고 오셨습니까?
참, 내 정신 좀 봐! 덥다고 잠시 내려놨는데 깜빡했네요.
어허, 이 친구 깜빡깜빡하기는!
더운 여름철에는 안전모와 안전띠 착용에 소홀해지기 쉬우므로 작업 시 각별히 신경쓰셔야 합니다.
잘못하다가는 큰 사고로 이어질 수 있어요.
각별히 신경쓰겠습니다. 요새 더워서 밤에 잠을 설쳤더니 정신이 없네요.
맞아요. 열대야 때문에 잠이 부족해 피로가 쌓이면 작업 시 감전 우려가 있으니 전기 취급을 삼가는 게 좋아요. 부득이하게 취급할 경우에는 안전장치를 꼭 하시고요.
네, 명심하겠습니다.

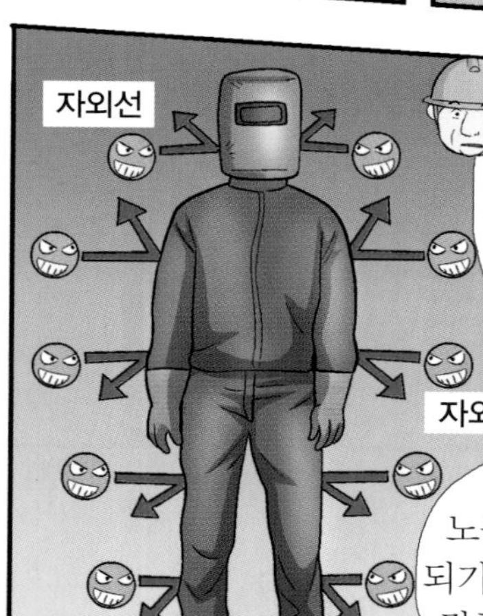

용접 기사들은 아이스팩이 부착된 조끼를 입게 하고 다른 동료와 주기적으로 교대해 줍니다.

아이스팩 부착 조끼

교대

폭염이 인체에 미치는 영향

네, 잘하셨어요. 폭염에 용접복으로 숨 쉴 틈 없이 온몸을 다 막고 눈앞에 1,000 ℃를 웃도는 열기에서 작업을 하면 금방 탈수 증상이 오죠.

보통 인간의 체내 온도는 36~37 ℃인데 오랜 시간 높은 온도에 노출되면 손발의 온도가 높아지면서 체내 온도도 올라가요. 39 ℃ 가까이 올라가면 탈진 현상이 올 수 있죠.

이번에는 아파트 실내로 가 보시죠.
네.
터벅
터벅

자, 이쪽으로 오세요.

어! 여기는 왜 문이 닫혀 있지?

끼익

이보게, 자네들!
왜 문을 닫고 작업을 하나?
치이익
문을 열고 작업을 하니 다른 분들이 냄새랑 페인트 분사 가루 때문에 작업을 할 수 없다고 해서요.

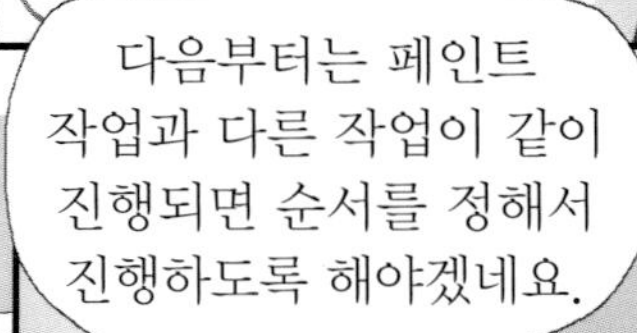

그래도 폭염이 있는 날씨에는 문을 닫고 일하시면 큰일 납니다.
실내에서는 자연 환기가 될 수 있도록 창문이나 출입문을 열어 두고 작업해야 해요. 무엇보다 이런 페인트 작업은 환기가 되지 않으면 질식할 수 있어요.

다음부터는 페인트 작업과 다른 작업이 같이 진행되면 순서를 정해서 진행하도록 해야겠네요.
작업도 중요하지만 안전이 제일이죠.

네, 잘 알겠습니다.
00현장사무소

소장님, 재난 대비 실사에 잘 응대해 주셔서 감사합니다.
제가 더 감사하죠.

오늘 지적하신 부분은 저희가 참고해 고치도록 하겠습니다.
방긋

네, 그럼
저는 이만 가
보겠습니다.
박사님, 오늘 수고
많으셨습니다.
박사님!
박사님!
후다다닥
더위 때문에
쓰러지셨던 분이네요.
아직도 몸이 안
좋으신 건가요?
아니요, 아까
너무 감사해서요.
시원한 음료수
드리려고요.
척-
네, 잘 마실게요.
고맙습니다.
재난 사고는 깨진
유리잔처럼 되돌릴 수
없지만, 항상 관심을
기울인다면 유리잔은 절대로
깨지지 않을 겁니다.
수고하세요!
재난에 대비하는 마음,
항상 잊지 마십시오.

재난뉴스

폭염으로 인한 사망자 가장 많아

1901년~2008년까지 108년 동안 우리나라에서 태풍, 대설, 폭염 등 모든 기상재해로 인해 발생한 연간 사망자는 폭염이 가장 높은 것으로 나타났다.

1994년 7월, 장마가 끝난 뒤 북태평양고기압이 강하게 확장했다. 이로 인해 이상고온 현상이 발생해 무더위가 계속됐다.

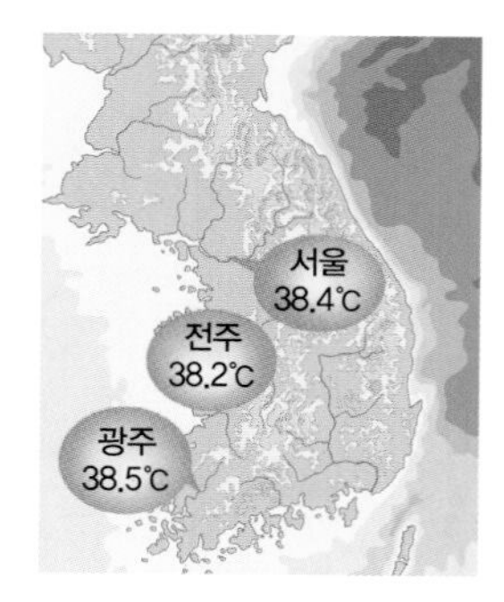

광주 38.5 ℃, 전주 38.2 ℃를 기록하면서 55년 만에 최고치를 경신했다. 서울도 최고 38.4 ℃를 기록하면서 51년 만에 극값을 경신했다.

기상청 관측지점의 58.4 %에서 하루 최고기온이 경신됐을 정도로 폭염이 전국을 휩쓸었다.

기상연구소에 따르면 1994년 기록적인 폭염으로 우리나라에서 3,384명이 숨졌다.

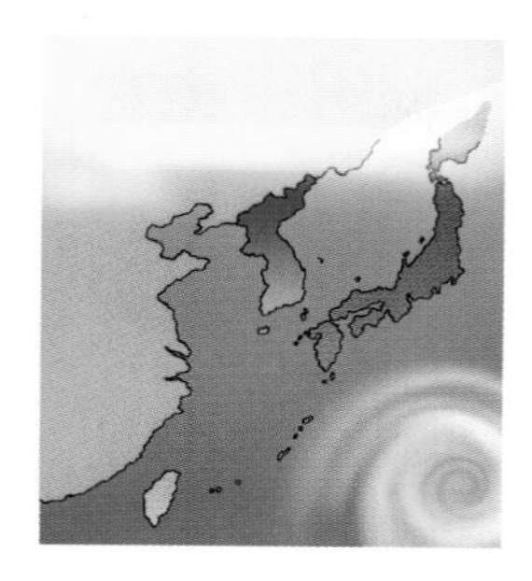

이는 두 번째로 사망자 수가 많았던 1936년 태풍 피해 사망자 수 1,104명보다 3배 이상 많은 것이다.

전국 기상관측 45개 지점의 평균 폭염 일수가 31.1일에 이르고, 열대야 일수도 14.4일이나 됐다.

특히 폭염으로 최고기온이 35 ℃가 넘으면 60대 사망자 비율이 68 %까지 늘어난다고 한다. 이처럼 1994년 여름은 역대 가장 더웠던 '최악의 폭염'으로 기록됐다.

/ 재난뉴스 기자

폭염 대비

- □ TV, 라디오, 인터넷을 통해 폭염에 관한 기상 정보를 알아둔다.
- □ 가족과 본인의 열사병 등 증상을 확인하고 가까운 병원의 위치와 연락처를 미리 알아둔다.
- □ 생수를 준비하고 단수에 대비해 욕조 등에 생활용수를 미리 저장한다.
- □ 과부하를 대비해 변압기를 미리 점검 · 정비한다.
- □ 직사광선을 차단하기 위해 커튼 등을 설치한다.

폭염주의보 때 모든 지역

- □ 옷차림은 가볍게 하고 가능한 야외활동은 하지 않는다.
- □ 수분을 주기적으로 섭취하고 음주나 카페인성 음료는 마시지 않는다.
- □ 열사병 등의 증상이 있을 때는 바로 병원에 간다.
- □ 오후 12시~4시 사이에는 2시간 정도 냉방이 가능한 건물에서 활동한다.
- □ 점심시간 등을 활용해 잠깐 수면을 취한다.
- □ 음식은 오래 보관하지 말고 식중독에 주의한다.

폭염주의보 때 도시 지역

- □ 야외활동은 하지 말고, 그늘 등에서 짧은 휴식을 자주 취한다.
- □ 편안하고 시원한 복장으로 근무 환경을 개선한다.
- □ 급식소나 음식점 등에서 식중독 사고가 발생하지 않도록 주의한다.
- □ 밀폐된 실내 작업장은 피하고 야외에서 장시간 근무할 때는 조끼 등에 아이스팩을 부착한다.

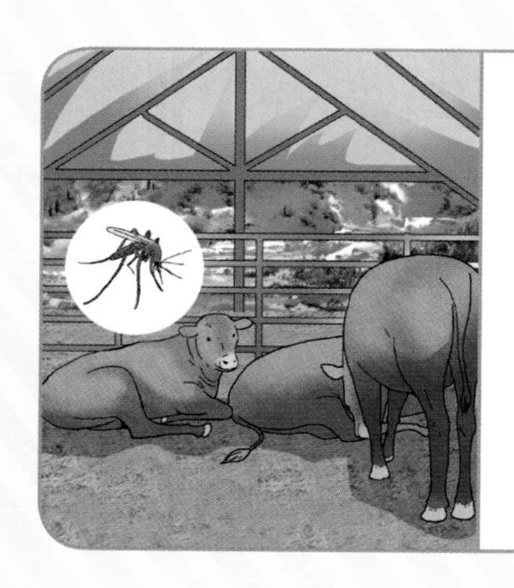

폭염주의보 때 농촌 지역

- ☐ 병충해를 방지하기 위한 조치를 취한다.
- ☐ 스프링클러 등을 설치해 재배 채소를 관리한다.
- ☐ 차광시설 등을 설치해 하우스 재배 식물의 피해를 예방한다.
- ☐ 축사 천장에 단열재를 부착하고 선풍기 등을 이용해 축사를 환기시킨다.
- ☐ 축사를 소독하고 모기 퇴치를 위한 방안을 마련한다.

폭염주의보 때 해안 지역

- ☐ 양식장에 액화산소를 공급해 수온 상승에 따른 산소 부족을 예방한다.
- ☐ 육상 양식장에 차광막을 설치하고 창문을 열어 통풍이 잘되게 한다.
- ☐ 지하해수를 사용할 수 있는 곳에서는 수온이 낮은 지하해수를 공급한다.
- ☐ 폭염으로 양식어류가 생리적으로 약화되기 때문에 병에 걸리지 않도록 예방한다.

폭염경보 때 모든 지역 ❶

- ☐ 낮잠 등을 통해 심신의 휴식을 취한다.
- ☐ 식중독 사고가 발생하지 않도록 주의한다.
- ☐ 가장 폭염이 극심한 오후 12시~4시까지는 야외활동을 하지 않는다.
- ☐ 가볍고 통풍이 잘되는 복장을 입고 노출 부위는 자외선차단제 등을 이용해 자외선으로부터 피부를 보호한다.
- ☐ 야외 일정이 있다면 취소하고 야외활동을 하지 않는다.
- ☐ 과다한 운동은 숙면을 방해하므로 자제한다.
- ☐ 노약자나 신체 허약자는 외출을 하지 않는다.
- ☐ 열사병 등의 증상이 보이면 동행자와 함께 병원에 방문한다.

폭염경보 때 **모든 지역 ❷**

- ☐ 야외 체육활동이나 소풍 등 각종 야외활동을 금지한다.
- ☐ 직사광선을 차단하고 실내를 환기시킨다.
- ☐ 날음식은 삼가고 끓인 물을 마신다.
- ☐ 실내온도는 26~28 ℃로 유지하고 실내외의 온도차가 5 ℃를 넘지 않도록 주의한다.
- ☐ 냉방기의 필터 청소를 주기적으로 실시하고 50분 가동 후 10분은 꼭 환기시킨다.
- ☐ 덥다고 준비운동 없이 물로 들어가거나 찬물로 샤워하지 않는다.
- ☐ 선풍기를 창문 쪽으로 돌려 환기가 되도록 한다.

폭염경보 때 **농촌 지역**

- ☐ 가축에게 비타민 등이 섞인 사료를 먹이고 깨끗한 물을 제공한다.
- ☐ 가축 *폐사 시에는 전염병 예방을 위해 가축을 땅속에 묻고 소독을 실시한다.
- ☐ 축사의 청결에 주의를 기울여 각종 질병을 예방한다.
- ☐ 대용량 냉방과 환기시설의 과열이나 누전으로 인한 화재를 예방한다.

*폐사 소나 말 등이 지치거나 병이 들어 쓰러져 죽음.

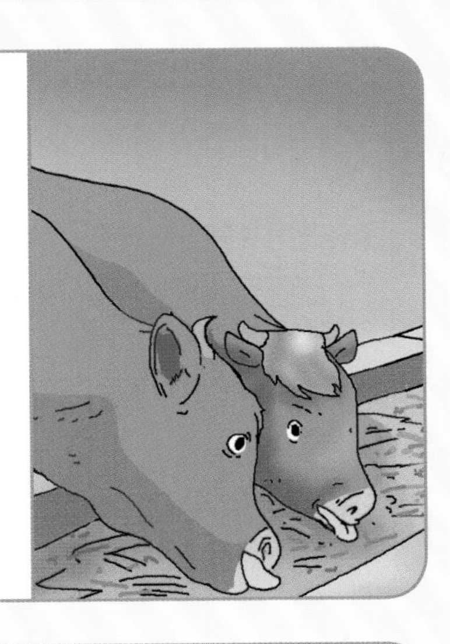

폭염경보 때 **해안 지역**

- ☐ 질병 등으로 인한 양식어류의 폐사를 방지하기 위해 주의 깊게 수시로 관찰한다.
- ☐ 질병 징후가 있을 때는 관련 기관에 즉시 신고해 적절한 조치를 취한다.
- ☐ 수온 상승 억제를 위해 수조 안에 얼음을 넣고 물갈이 할 수 있는 물의 양을 최대한 늘린다.
- ☐ 양식어류의 사료가 부패하지 않도록 각별히 주의한다.

폭염이 진행 중일 때 실내에서

- ☐ 음식물은 오래 보관하지 말고 날음식을 삼가며 조리기구의 청결에 주의한다.
- ☐ 실내온도는 실외온도와 5 ℃ 이상 차이나지 않도록 유지한다.
- ☐ 에어컨이나 선풍기를 밤새 켜두는 것은 위험하므로 시간 설정을 해 둔다.
- ☐ 필터를 주기적으로 청소해 청결을 유지한다.
- ☐ 냉방은 50분 정도 실시하고 10분 정도 환기시키는 것이 바람직하다.
- ☐ 냉방기를 가동할 때는 창문 등을 닫고 커튼 등을 이용해 직사광선을 차단하는 것이 효율적이다.

폭염이 진행 중일 때 실외에서 ❶

- ☐ 격렬한 운동은 삼가고 이동할 때는 되도록 천천히 걷는다.
- ☐ 가볍고 통풍이 잘되는 옷을 입고 노출되는 피부는 자외선차단제를 이용해 보호한다.
- ☐ 장시간 보행을 삼가고 시원한 장소에서 주기적으로 휴식을 취한다.
- ☐ 보행 중 두통이나 어지러움 등 열사병의 증상이 나타나면 주위에 도움을 청하고 병원으로 이동한다.

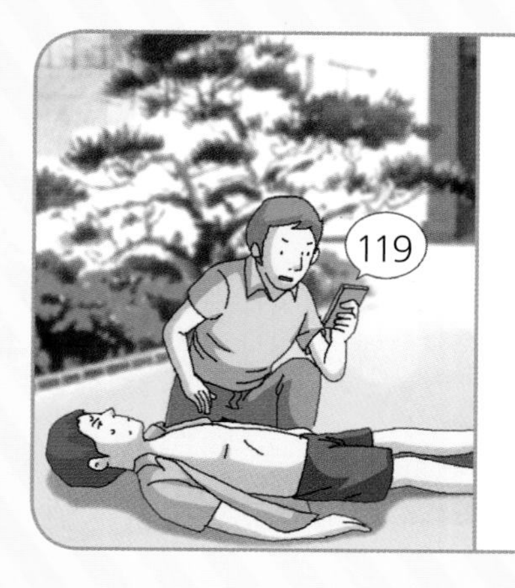

폭염이 진행 중일 때 실외에서 ❷

- ☐ 갈증을 느낄 때 수분을 섭취할 수 있도록 보온병 등을 가지고 다닌다.
- ☐ 오후 12시~4시까지는 최대한 활동을 삼가고 시원한 장소에서 주기적으로 휴식을 취한다.
- ☐ 열사병 환자를 발견하면 최대한 몸의 온도를 낮추기 위한 조치를 취하고 구조대에 신고한다.

재난지식 노트

폭염의 원인과 영향에 대해 기억해요!

폭염의 정의

매우 심한 더위. 나라나 지역에 따라 다르나 보통 30 ℃ 이상 불볕더위가 지속되는 현상을 가리킴.

폭염의 원인

꼭 기억하자!

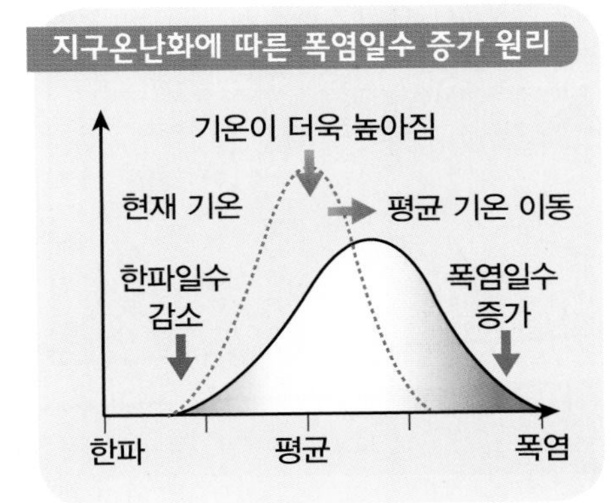

❶ 지구온난화 : 온실가스 배출 증가에 따른 지구온난화로 향후 100년간 최대 6 ℃ 이상 기온이 오를 것으로 전망.

❷ 엘니뇨 현상 : 엘니뇨 해류에 의한 태평양의 에너지 분포와 대기 흐름 변화로 북태평양 고기압이 수축 또는 팽창되면서 발생하는 이상기후 현상.

❸ 티벳 고원의 적설량 : 아시아 대륙의 서쪽에 위치한 티벳 고원의 적설량과 우리나라의 여름철 기온이나 강수량은 밀접한 상관관계가 있다.

❹ 열섬현상 : 태양열에 쉽게 달궈지는 콘크리트나 아스팔트 구조물이 밤에 열을 서서히 방출하는 현상. 건축물이 밀집돼 있는 도심에 더 많은 영향을 준다.

❺ 한편, 폭염의 원인이 대기 흐름에 의한 자연스러운 현상이라는 의견도 있다.

폭염의 영향

꼭 기억하자!

❶ 극심한 더위는 탈수 및 과열을 일으켜 열사병을 유발하며 오랜 기간 지속될 경우 사망까지 이를 수 있다.

❷ 어린이, 노인, 질병이 있는 사람, 약물 · 알코올 중독자 등은 더 취약하므로 특별한 관리가 필요하다.

폭염 특보

폭염주의보와 경보의 기준을 알아봅시다!

구분	내용
폭염주의보	6월~9월, 하루 최고 기온이 33 ℃ 이상, 2일 이상 지속될 것으로 예상될 경우
폭염경보	6월~9월, 하루 최고 기온이 35 ℃ 이상, 2일 이상 지속될 것으로 예상될 경우

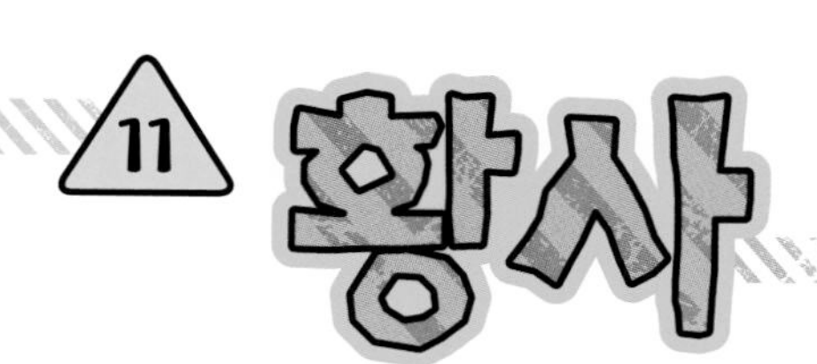
11
황사

몽골
만주지역
고비사막
네이멍구
중국
타클라마칸사막
황토고원

중국
베이징 공항
위이이잉

드디어
중국에 왔구나.
웅성
웅성

지금 출발해야
재난안전포럼에 늦지
않게 도착할 텐데.
척

헉
헉
송 박사님이신가요?
아, 네!
후다다닥

반갑습니다.
박사님을 모시러
온 칭창입니다.
삐질
삐질
헉
헉
네, 반갑습니다.

어서 가시죠. 지금
출발하면 늦지 않을
것 같습니다.
타다닥
네, 알겠습니다.

차를 어디에
주차해 놨더라….
두리번
두리번
차가 너무
많아서.
여기입니다!
아하!

저희 직원
하우쉔입니다.
스윽
니하오~ 박사님,
말씀 많이 들었다해!
와락
푹-
네, 반갑습니다.
케켁
이럴 때가 아니지.
어서 출발하시죠.
모래 폭풍이
곧 몰려온다고
하더라고요.
척-
깜짝
그래? 그럼
어서 가지!
박사님,
어서 타시죠.
네.
부우우웅
저기 보세요!
모래 폭풍이 몰려와요!
쿠쿠쿠쿠쿠
부우우웅
사진으로만 보다가 실제로
보니 정말 무시무시하군요.

휘이이잉

모래 바람 때문에 숨쉬기가 힘들어 보이네요. 괜찮을까요?
휘잉

걱정하지 마십시오.

휘이잉
아, 철저하게 준비하고 있군요.
척
스윽

방긋
맞습니다. 이런 게 하루 이틀 일이 아니니까요.

휘이잉
부우웅

에휴, 황사가 점점 나빠지고 있어서 걱정이에요.
맞습니다. 지구온난화로 사막화가 심해지고 있어서 정말 큰일입니다.

스윽
박사님, 그런데 황사가 봄철에 특히 심한 이유가 뭐죠?

황사의 발생 원인을
설명해 드리죠.
네.

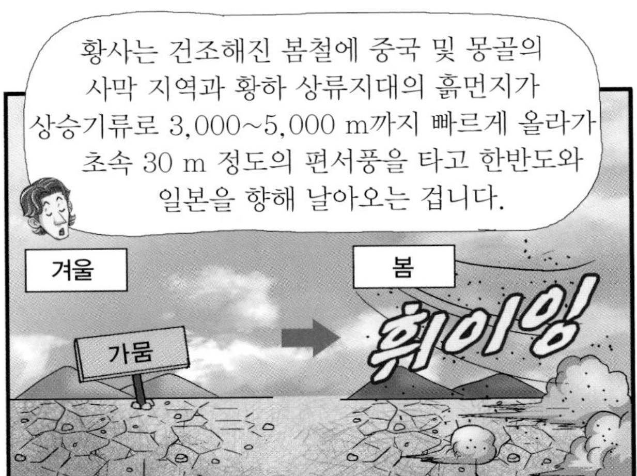
황사는 건조해진 봄철에 중국 및 몽골의
사막 지역과 황하 상류지대의 흙먼지가
상승기류로 3,000~5,000 m까지 빠르게 올라가
초속 30 m 정도의 편서풍을 타고 한반도와
일본을 향해 날아오는 겁니다.
겨울
봄
가뭄
휘이잉

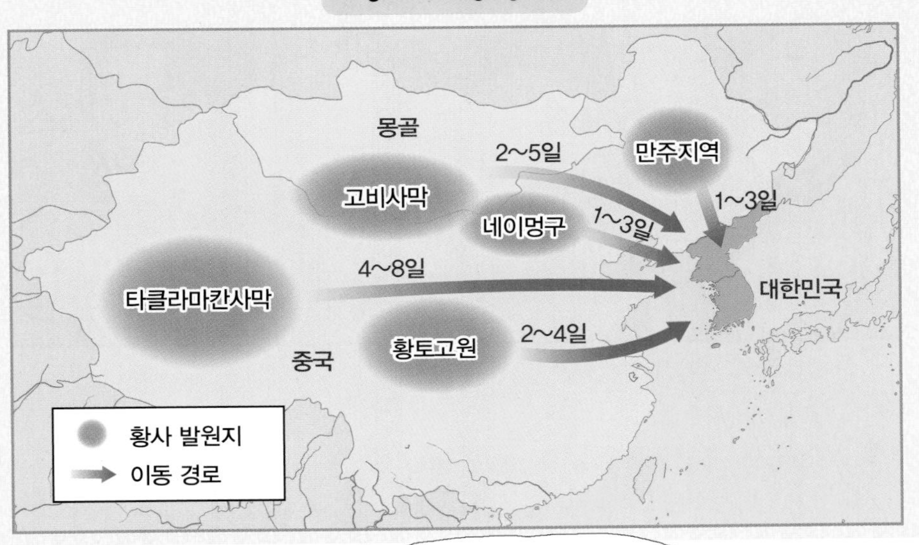
황사의 이동 경로
몽골
2~5일
만주지역
고비사막
네이멍구
1~3일
1~3일
4~8일
타클라마칸사막
대한민국
황토고원
2~4일
중국
황사 발원지
이동 경로

황사가 심한 날에는 항공기
결항도 많아 매출 손실이 크답니다.
항공업만 피해가
큰가요?
여러 산업이 피해를 입죠.
반도체도 불량률이 약 4배
정도 늘어나고 백화점도
매출이 줄어듭니다.
페인트
반도체 불량
4배 증가
백화점
매출
감소
유리 불량률
8배 증가
또 조선업에서는 먼지 피해를 입을
수 있는 페인트칠을 중단해야 하고
유리산업도 불량률이 8배나 늘어나는 등
여러 산업이 큰 피해를 입습니다.

황사 마스크 착용법

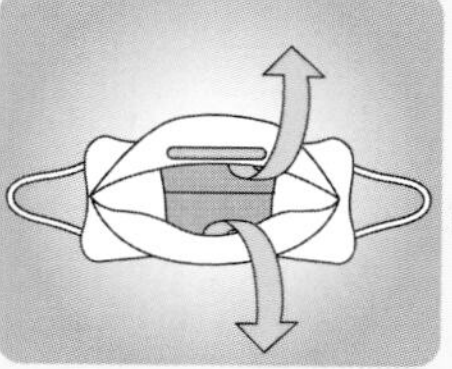

1. 마스크 날개를 펼친 뒤 양쪽 날개 끝을 잡고 오므린다.

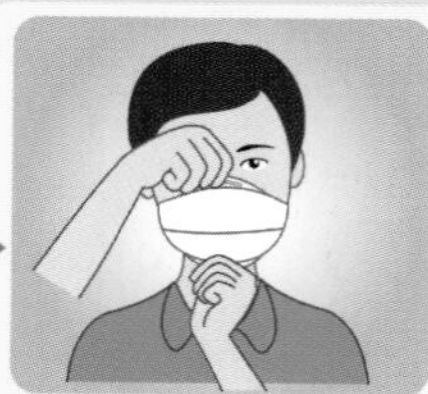

2. 고정심 부분을 위로 잡고 코와 입을 완전히 가리도록 착용한다.

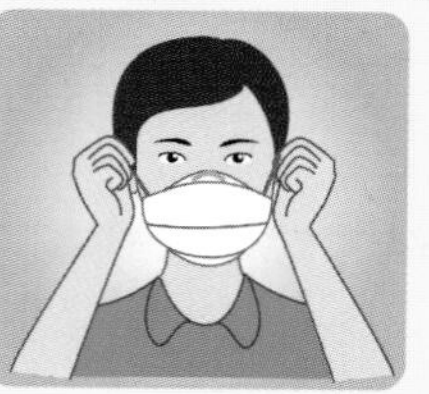

3. 머리끈을 귀에 걸어 위치를 고정시킨다.

4. 손가락으로 코편 부분이 코에 밀착되도록 클립을 눌러 준다.

5. 양손으로 마스크를 감싸고 공기 누설을 체크하면서 안면에 밀착되도록 조정한다.

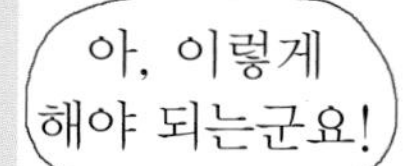

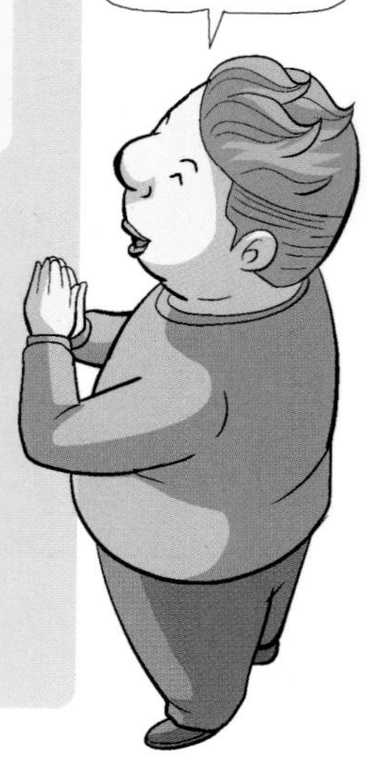

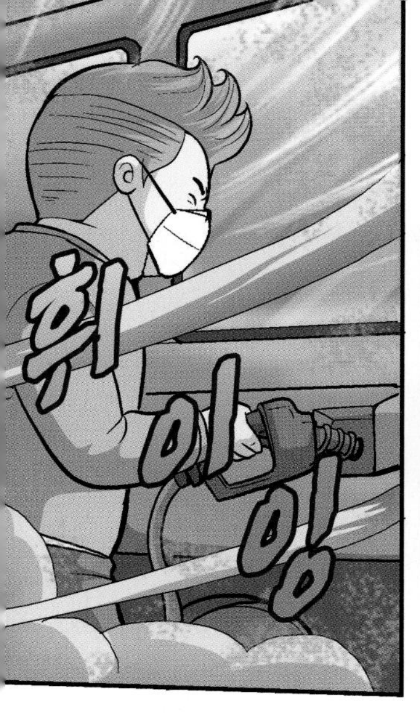
휘이잉

켁켁
입안으로 모래가 다 들어왔네.

미세먼지가 많은 날에 그 마스크를 쓰면 큰일 나겠네.
쓰나마나니 말이야.
주르륵
싸다고 한 박스나 샀는데 다 버려야겠네요.

황사도 우리 몸에 안 좋지만 더 무서운 건 미세먼지입니다.
미세먼지는 황사보다 입자가 훨씬 작기 때문에 더 위험하죠.
척ー

맞아요. 폐가 안 좋은 제 친척 한 분도 미세먼지 때문에 병세가 악화돼 작년에 돌아가셨어요.
팽

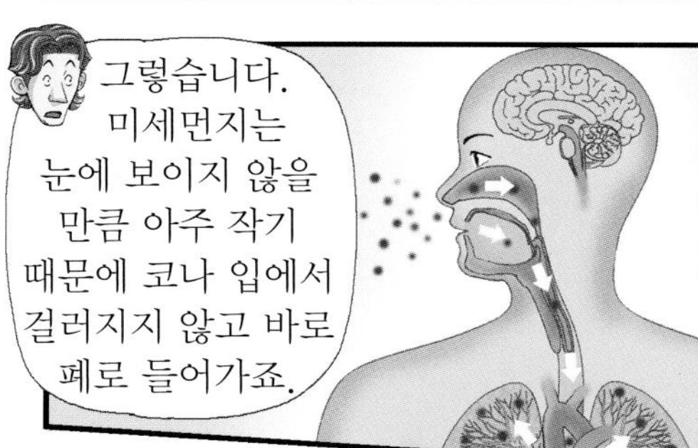
그렇습니다. 미세먼지는 눈에 보이지 않을 만큼 아주 작기 때문에 코나 입에서 걸러지지 않고 바로 폐로 들어가죠.

얼마나 작기에 코나 입에서 걸러지지 않나요?

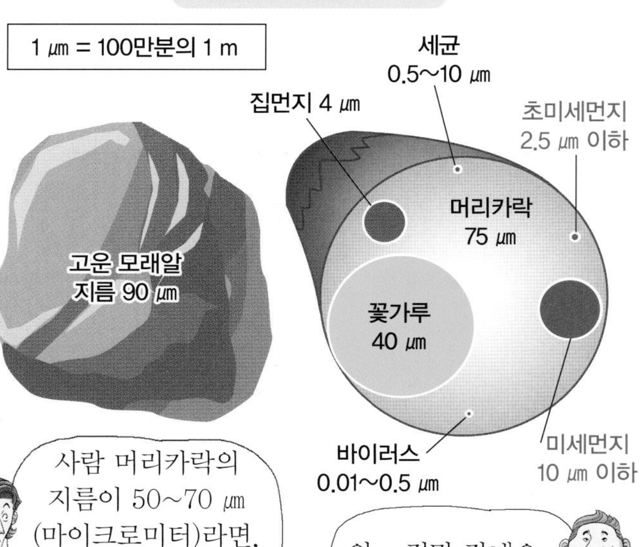
황사와 미세먼지 크기
1 ㎛ = 100만분의 1 m
고운 모래알 지름 90 ㎛
세균 0.5~10 ㎛
집먼지 4 ㎛
초미세먼지 2.5 ㎛ 이하
머리카락 75 ㎛
꽃가루 40 ㎛
바이러스 0.01~0.5 ㎛
미세먼지 10 ㎛ 이하
사람 머리카락의 지름이 50~70 ㎛ (마이크로미터)라면, 초미세먼지는 2.5 ㎛ 정도죠.
와~ 정말 작네요.

이건 미세먼지가 우리 몸에 미치는 영향입니다.

미세먼지가 우리 몸에 미치는 영향

눈 : 안구 가려움증이나 염증

코 : 알레르기성 비염

폐 : 염증을 일으키고 기침과 천식 악화

태아 : 성장저하, 출생 뒤 뇌신경 발달 장애로 지능 저하

뇌 : 혈전을 만들고 세포를 손상시켜 뇌졸중, 치매, 편두통 등 유발

심장 : 산화스트레스 증가로 부정맥 발생

피부 : 모공 확대와 피부염, 알레르기 유발

자궁 : 태반의 혈액 순환이 잘 안 돼서 태아로 전달되는 영양 공급 방해

이건 우리나라의 미세먼지 PM10 농도별 예보 등급과 행동 요령입니다.

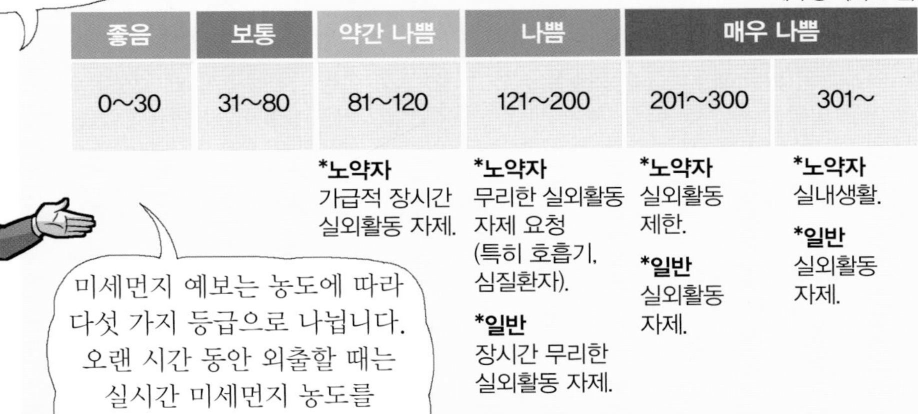

미세먼지 PM10 농도별 예보 등급과 행동 요령

예측 농도(㎍/㎥ 일)

좋음	보통	약간 나쁨	나쁨	매우 나쁨	
0~30	31~80	81~120	121~200	201~300	301~
		*노약자 가급적 장시간 실외활동 자제.	*노약자 무리한 실외활동 자제 요청 (특히 호흡기, 심질환자). *일반 장시간 무리한 실외활동 자제.	*노약자 실외활동 제한. *일반 실외활동 자제.	*노약자 실내생활. *일반 실외활동 자제.

미세먼지 예보는 농도에 따라 다섯 가지 등급으로 나뉩니다. 오랜 시간 동안 외출할 때는 실시간 미세먼지 농도를 확인하는 게 좋아요.

*관개 농경지에 물을 인공적으로 공급하는 일.

황사 · 미세먼지 높은 날 건강을 지키는 생활수칙

★ 외출 삼가기

황사주의보가 발령되면 가급적 외출을 삼가고, 오전이 오후보다 미세먼지 농도가 높기 때문에 주의한다. 무엇보다 미세먼지 농도가 낮아지는 시간에 외출을 하고 집 안 창문을 열어 환기한다.

★ 외출 시 마스크 쓰기

황사가 진행 중일 때 외출을 해야 한다면 항상 마스크를 착용하고, 콘택트렌즈는 먼지가 잘 달라붙기 때문에 안경과 선글라스를 쓴다. 또 긴 소매 옷을 입어 황사로부터 피부를 최대한 보호한다.

★ 보습과 가습

황사철에는 환기를 자주 못해서 실내가 건조해지기 쉬우니 가습기를 틀어 적정 실내 습도인 40~50 %보다 높게 유지한다. 하루 2리터 이상 물을 마셔 충분한 수분을 섭취해 유해 물질을 몸 밖으로 배출시킨다.

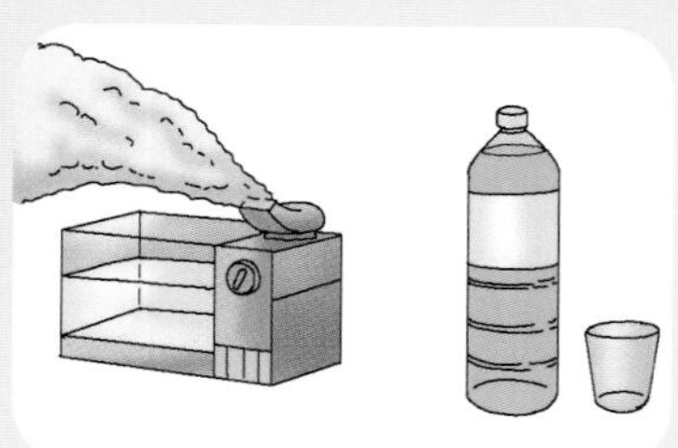

★ 개인위생

외출을 하고 집에 돌아오면 현관 밖에서 옷에 묻은 먼지를 털고 곧장 욕실로 가서 얼굴과 손을 깨끗이 씻는다. 소금을 이용해 씻으면 살균 소독 효과가 있어 오염 물질을 제거하는 데 큰 도움이 된다.

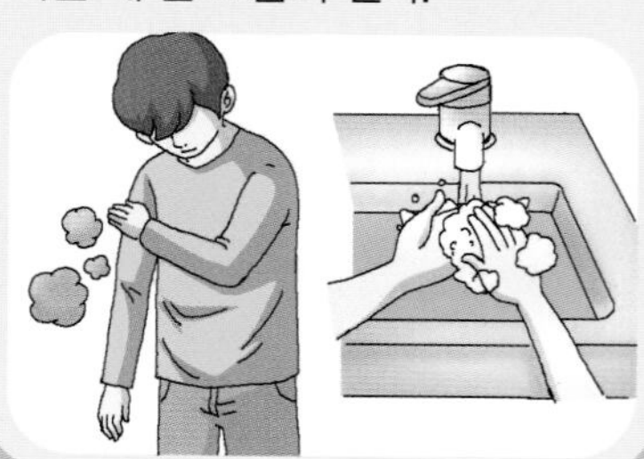

★ 청소

미세먼지가 심한 날에는 진공청소기를 사용하는 것보다 물걸레를 사용하는 것이 먼지가 날리지 않고 깨끗하게 청소할 수 있는 방법이다.

방금 말씀해 주신 것만으로도 황사와 미세먼지로부터 건강을 잘 지키겠네요.
맞습니다.
덜컹
어! 갑자기 차가 왜 이러지?
덜컹
휘
이봐, 무슨 일이야?
이
잉
끼익
큰일 났어요. 차에 시동이 안 걸려요.
뭐? 조금만 가면 도착하는데 바로 앞에서 멈춰버리다니!
이를 어쩌죠? 늦겠는데요.
아, 걱정하지 마. 이럴 줄 알고 황사 보호 슈트를 준비했지!
으쓱
서, 설마 그걸….
또 이걸 입게 되다니….
아, 창피해!
박사님, 5분 정도만 가시면 됩니다.
휘이이이잉
이 슈트를 입으면 황사 걱정은 없답니다.
후다다닥
네, 정말 그렇군요.

재난뉴스

2015년 12월 7일

중국, 사상 첫 대기오염 적색경보

2015년 12월 7일(현지시간) 중국의 수도 베이징에 사상 처음으로 대기오염 적색경보가 내려졌다.

차량 홀짝 운행제를 시행하고 야외 건설과 같은 오염원을 배출하는 산업 활동을 중단하며 불꽃놀이와 야외 바베큐 파티도 금지했다.

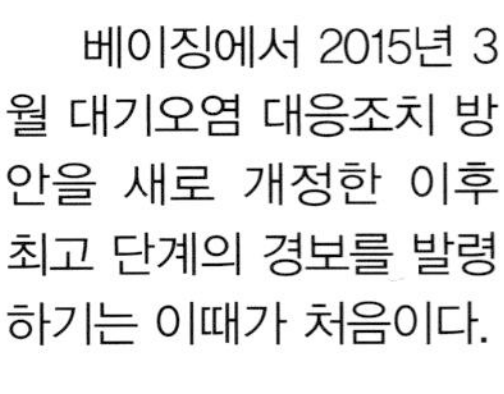

적색경보는 PM 2.5(지름 2.5 ㎛ 이하의 초미세먼지) 농도가 200 ㎍/㎥ 이상인 심각한 오염 상황이 3일 이상 지속될 것으로 예상될 때 내리는 경보다.

이날 PM 2.5 수치는 기준치의 10배인 250 안팎을 기록했다.

201～300이면 노약자 · 심폐질환자에게 심각한 영향을 줄 수 있는 수치다.

이처럼 미세먼지는 중국인의 건강을 위협하고 있으나 원인을 알면서도 대책을 세우지 않아 공기오염은 만성이 돼가고 있다.

베이징에서 2015년 3월 대기오염 대응조치 방안을 새로 개정한 이후 최고 단계의 경보를 발령하기는 이때가 처음이다.

유치원과 초·중·고교에 휴교 권고 조치가 내려진 가운데 대부분의 학교가 휴교령을 내렸다. 일부 기업에서는 탄력 업무 제도를 시행한 것으로 알려졌다.

중국 내 대기오염은 배기가스, 공장 매연, 외부 오염물질의 유입 등 복합적인 원인이 있는데, 겨울에는 난방에 사용되는 석탄 때문에 대기오염이 한층 악화되고 있다.

특히 미세먼지는 주변 지역과 주변 나라까지 위험에 빠뜨리고 있다.

/ 재난뉴스 기자

재난대처방법 황사

황사주의보 및 경보 때 모든 지역 ❶

- □ TV, 라디오, 인터넷을 통해 황사 정보를 확인한다.
- □ 황사가 실내로 들어오지 않도록 창문을 점검 · 정비한다.
- □ 미리 실내공기 정화기와 가습기 등을 준비하고, 황사 발생 시 외출에 필요한 보호안경, 마스크 등을 미리 준비한다.
- □ 황사 세척용 장비를 미리 점검 · 정비한다.
- □ 황사는 비염이나 기관지 천식 등을 유발하므로 가능한 외출하지 않는다.

황사주의보 및 경보 때 모든 지역 ❷

- □ 가능한 외출을 삼가고 외출 시에는 마스크, 보호안경 등을 착용한다.
- □ 외출 뒤 집에 들어오면 손발을 깨끗이 씻는다.
- □ 과일이나 채소 등은 평소보다 더욱 신경 써서 씻은 뒤 조리한다.
- □ 집 안 습도를 일정하게 유지하기 위해 가습기 등을 이용한다.

황사주의보 및 경보 때 도심 지역

- □ 각종 야외행사 일정 등을 취소한다.
- □ 운동 등의 야외활동은 최대한 하지 않는다.
- □ 급식소나 음식점 등은 요리 재료를 깨끗이 씻고 청결에 주의한다.
- □ 출장이나 외근 등 외출 시에는 마스크나 보호안경 등을 착용한다.
- □ 아파트나 대형 건물 등 개구부가 많은 건물은 개구부를 철저히 점검하고 폐쇄한다.

황사주의보 및 경보 때 농 · 어촌 지역 ❶

- ☐ 황사의 노출을 방지하기 위해 방목돼 있는 가축은 축사 안으로 대피시킨다.
- ☐ 황사의 유입을 최소화하기 위해 축사의 출입문이나 창문 등을 폐쇄한다.
- ☐ 비닐이나 천막을 이용해 실외에 사료용 볏짚이나 건초를 덮어 놓는다.
- ☐ 온실이나 비닐하우스의 출입문 등을 폐쇄한다.

황사주의보 및  경보 때 농 · 어촌 지역 ❷

- ☐ 육상 양식장의 출입문이나 창문 등을 폐쇄한다.
- ☐ 어류 건식장은 황사 대처를 위한 조치를 취한다.
- ☐ 야외의 어망 등 어구 정비를 가능한 하지 않는다.
- ☐ 가능한 해변 주변으로 외출하지 않는다.

황사가 멈춘 뒤 ❶

- ☐ 창문 등을 열어 실내 공기를 환기시키고 먼지 제거 등의 청소를 한다.
- ☐ 황사에 노출된 물품은 오염 가능성이 높으므로 충분히 세척해 사용한다.
- ☐ 급식소나 음식점 등은 소독을 실시해 청결에 주의한다.

황사가 멈춘 뒤 ❷

- ☐ 황사로 인한 전염병을 방지하기 위해 예방접종을 실시한다.
- ☐ 황사에 노출된 시설물들은 세척하거나 소독한다.
- ☐ 축사나 가축을 철저히 소독하고 세척해 질병을 예방한다.

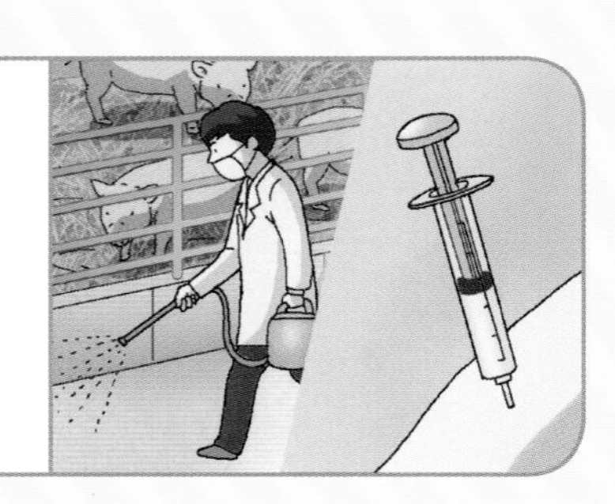

재난지식 노트

황사가 끼치는 영향과 황사 특보 기준에 대해 기억해요!

황사의 정의

❶ 중국 대륙이 건조해지면서 고비사막, 타클라마칸사막 등 중국과 몽골의 사막지대 및 황하 상류지대의 흙먼지가 강한 상승기류를 타고 3,000~5,000 m 상공으로 올라가 초속 30 m 정도의 편서풍에 실려 우리나라로 날아와 지면 가까이 내리는 현상.

❷ 황사 알갱이 크기는 10~1,000 ㎛까지 다양하고 1,000 ㎛의 입자는 황사라 칭하며 10 ㎛의 입자는 황진이라고 부름.

❸ 우리나라에서는 주로 4월에 관측되며 '아시아 먼지'라고 부르기도 함.

황사의 영향

☆ 꼭 기억하자!

❶ 황사는 특히 급속한 공업화로 아황산가스 등 유해물질이 많이 배출되고 있는 중국을 경유하면서 오염물질이 섞여 건강에 영향을 미친다.

❷ 황사가 발생하면 석영(실리콘), 카드뮴, 납, 알루미늄, 구리 등이 포함된 흙먼지가 대기를 황갈색으로 오염시켜 대기의 먼지량이 평균 4배나 증가한다.

❸ 작은 황진이 사람의 호흡기관으로 깊숙이 침투해 천식, 기관지염 등의 호흡기질환을 일으키거나 눈에 붙어 결막염, 안구건조증 등의 안질환을 유발한다.

❹ 황사가 심할 경우 항공기, 자동차, 전자장비 등 정밀기계에 장애를 일으키고, 태양빛을 차단해 농작물이나 활엽수가 숨 쉬는 기공을 막아 성장을 방해한다.

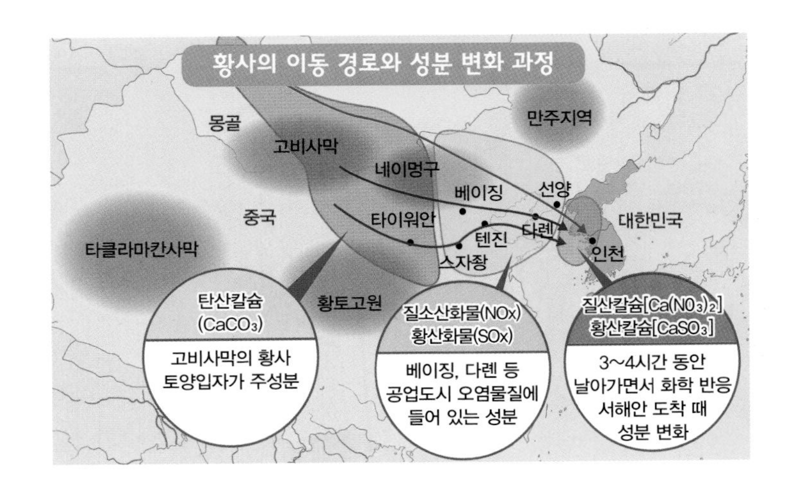

황사 특보

황사주의보
1시간 평균 미세먼지 농도가 400~800 μg/㎥ 범위로 2시간 이상 지속 될 것으로 예상될 경우

황사경보
1시간 평균 미세먼지 농도가 800 μg/㎥ 이상이 2시간 이상 지속될 것으로 예상될 경우

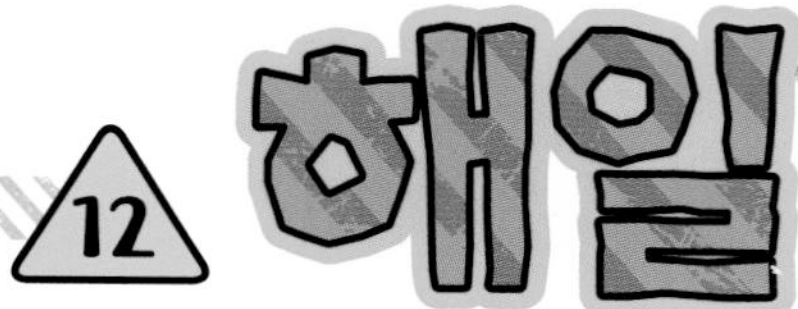
12
해일

2020
쓰나미
3D
쩝
쩝
쏴아악
으아악
도망쳐~

척-
어어! 내 앞으로 파도가 정말 쏟아지는 것 같아!

으악, 살려 줘!
우아~ 엄청 실감난다!
녀석들, 조용히 좀 보지….

삼촌, 좀 무섭긴 했지만 정말 재미있는 영화였어요.
저벅
저벅

난 쓰나미에 휩쓸려 가는 사람들이 너무 불쌍했어….
어쩐지 콧물까지 흘리며 펑펑 울더라.

화르르르
헉!
울든 말든 네가 무슨 상관이야!

아빠, 그런데 쓰나미가 영어로 뭐예요? 쓰나미는 일본어 같은데.

지진해일인 쓰나미를 영어로도 'Tsunami'라고 해. 일본어에서 유래를 했는데 'Tsu'는 항구, 'nami'는 파도를 뜻하지.
쓰나미(Tsunami)
스윽
1896년 6월 일본 산리쿠 연안에서 발생한 지진해일 피해가 알려지면서 세계 공통어로 사용하게 됐단다.

아, 그렇군요.

참, 궁금한 게 있는데요. 쓰나미가 오면 해안가에 가까워질수록 파도가 높아지는데 왜 그런가요?
촤아아악
으악!

내가 설명해 주지. 그건 바로 수심 깊이 때문이야.
수심이 깊으면 파도가 높지 않지만, 육지 때문에 수심이 점점 낮아져 파도가 높아지게 되지.

와, 형 대단하다!
헤헤
이 정도는 기본이지!

참고로, 지진해일은 바다 밑바닥부터 표면까지 물 전체가 출렁이기 때문에 폭풍으로 발생하는 폭풍해일보다 훨씬 강력하단다.
지진해일
폭풍해일

폭풍해일은 태풍이나 기상이변으로 발생한 해일인가요?
그래, 맞아!

그럼 바다에서 지진이 나면 해안에 살고 있는 사람들은 무조건 대피해야겠네요!

꼭 그렇지는 않아. 지진해일은 일반적으로 리히터 규모 7.5 이상이 돼야 발생하고, 넓은 지역에서 지진에 의해 수직 운동이 일어나야 되거든.
후유~ 다행이다.

삼촌, 지진해일은 왜 일어나는 거예요?
궁금
주요 원인은 해역에서 발생하는 지진 때문이지. 지진은 판 경계에서 일어나는 단층 운동 때문에 일어나는데, 해양판이 대륙판이나 다른 해양판 아래로 미끄러져 내려가는 섭입대에서 발생해.
척 -

맞다. 지구는 여러 가지 판으로 둘러싸여 있다고 들은 것 같아요.

유라시아판
북아메리카판
필리핀해판
카리브해판
태평양판
코코스판
아프리카판
남아메리카판
나스카판
인도·오스트레일리아판
남극판
스코티아판

그래, 여기를 보면 지구를 둘러싸고 있는 판구조를 알 수 있어!

섭입대(단층)에서 지진 및 지진해일이 발생하는 과정

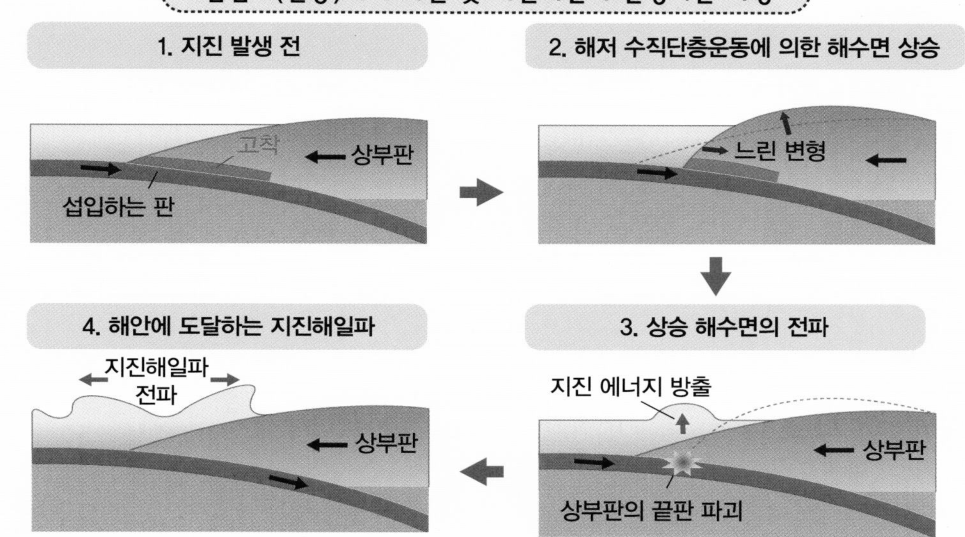

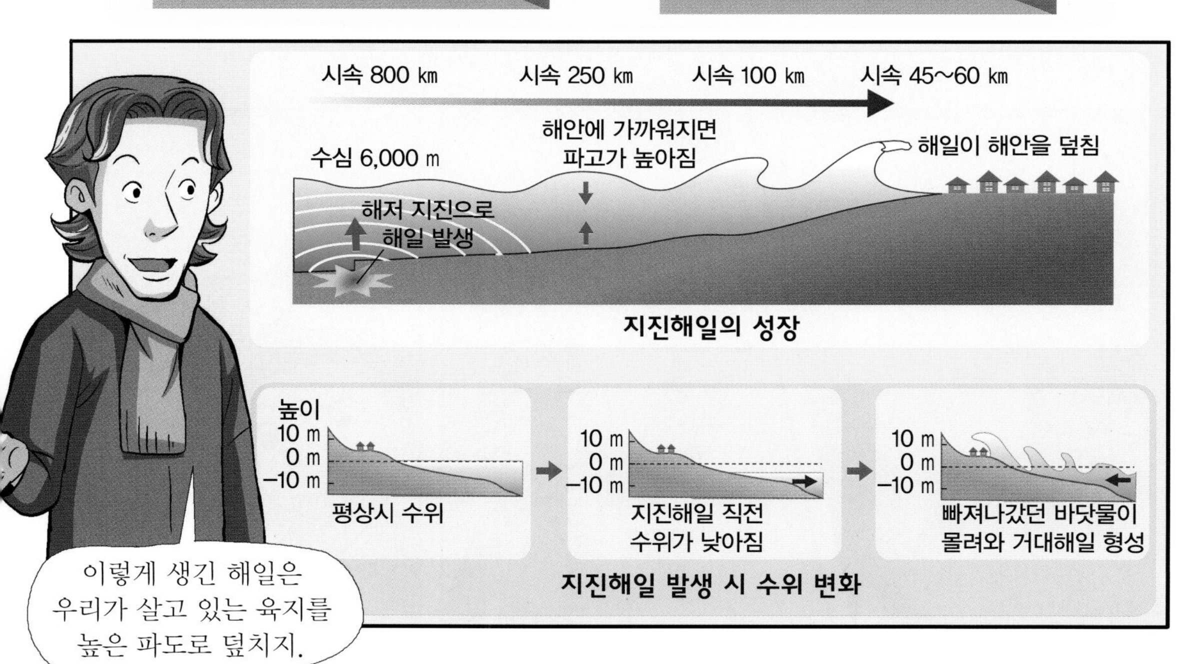

지진해일의 성장

지진해일 발생 시 수위 변화

해양관측소에 해수면의 변화를 측정하는 검조기가 있거든. 단, 이건 지진해일이 접근하는 걸 경고할 수는 있지만 발달과 영향을 예측할 수는 없어. 그리고 다른 지역에 대한 지진해일의 영향을 예측하는 데도 한계가 있지.

평상시

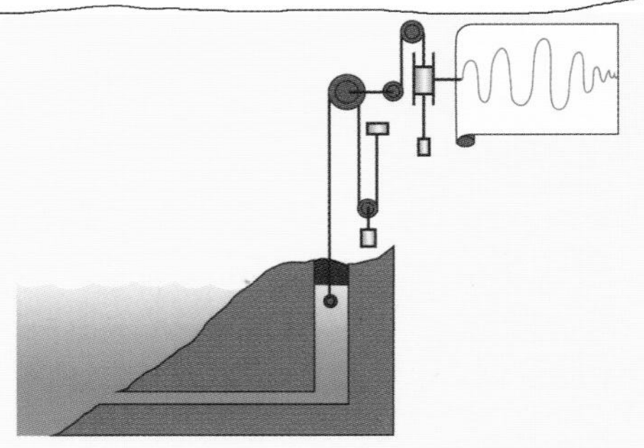

지진해일시

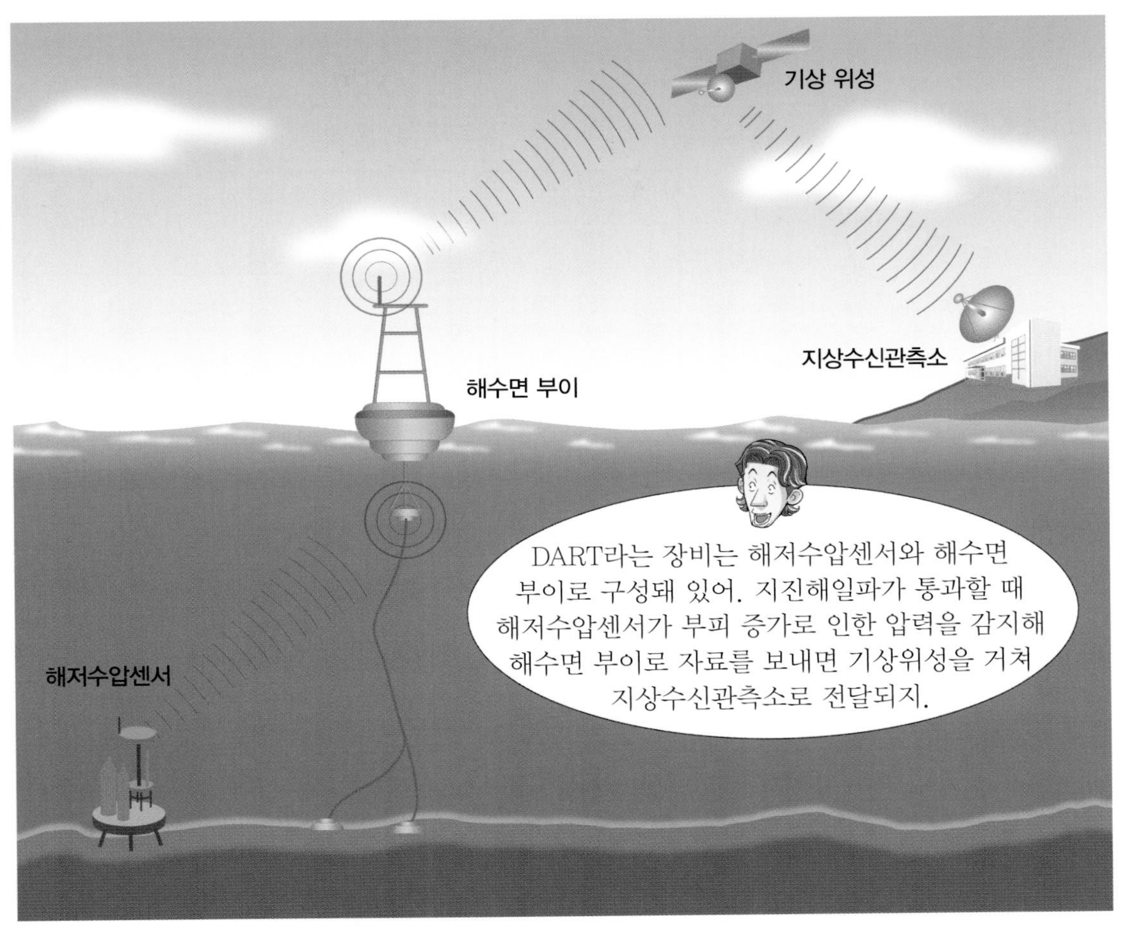
기상 위성
지상수신관측소
해수면 부이
해저수압센서
DART라는 장비는 해저수압센서와 해수면 부이로 구성돼 있어. 지진해일파가 통과할 때 해저수압센서가 부피 증가로 인한 압력을 감지해 해수면 부이로 자료를 보내면 기상위성을 거쳐 지상수신관측소로 전달되지.

자, 그럼 여기서 퀴즈! 함께 의논해서 풀어 보렴.
딱
퀴즈라면 자신 있어요!
척-
척
우리도요!

삼촌, 근데 퀴즈 맞히면 상품이 뭔가요?
음, 다음에 놀이동산에 데려가마!
야호!

자, 그럼 퀴즈!
지진해일이 발생하면 가장
안전한 해안선은 어디일까?
① 항만이나 항구가 깔때기 모양을 하고 있는 곳
② 암초 사이나 틈에 접해 있는 해안가
③ 가파른 절벽이 있는 작은 섬

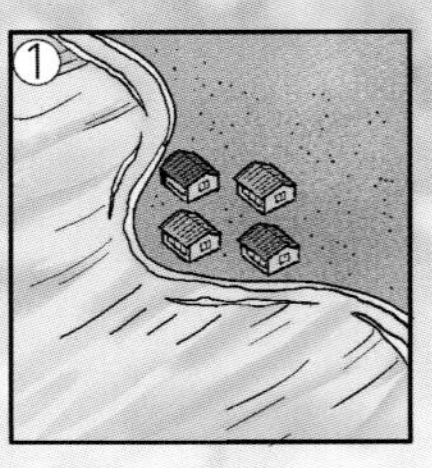

3관
소곤
소곤

정답은?
척
②번이요!

땡-
땡!
앗, 진짜요? 암초가
해일을 막아 줘서 그 힘을
작게 해 주지 않나요?

암초로 파도의 높이가 줄어들긴
하지만, 암초 사이에 난 틈으로
해일이 들어오니 위험하지.
츄아악
아, 그 생각을 못했네요!

정답은 ③번이야.
가파른 절벽은 수심이 깊어서
파고가 크게 높아지지 않거든.
에구, 놀이동산은
물 건너 갔네.
철썩

우리나라에서 지진해일이 발생할 가능성이 있을 때는 이런 순서로 통보하지.

지진해일 통보 시스템

지진 발생 인지 및 지진파 확인
↓
추정 규모 : 내륙 3.5 / 해역 4.0 이상
↓ (예)
지진 속보 발표 ← 2분
↓
지진해일 발생 가능성 (규모 7.0 이상) ← 5분
예상 파고 0.5 ~ 1 m | (예) | 예상 파고 1 m 이상
↓
지진해일 주의보 발표 / 지진해일 경보 발표 ← 10분
↓
지진해일 발생 여부
↓ (예)
지진해일 관측 보고 / 수집
↓
지진해일 특보 해제 ← (아니오) 지진해일 발생 여부
↓
종료

지진해일 일반 상식

- 규모 7.0 이상의 지진이 일본 서해안에서 발생할 경우 약 1~2시간 뒤 동해안에 지진해일이 도달함.
- 파고 3~4 m 정도의 지진해일이 동해안 전역을 습격할 수 있음.
- 지진해일에 의한 해면의 진동은 10시간 이상 지속되기도 하며 제1파보다, 2파, 3파의 크기가 더 큰 경우도 있음.
- 지진해일의 파고가 1 m 정도라도 건물이 파괴될 수 있음.

폭풍해일 일반 상식

- 태풍의 우측은 바람이 강하고 해일을 동반할 가능성이 높음.
- 태풍의 이동 속도가 느려질 경우 해면에 전달되는 에너지가 강화되므로 큰 해일이 일어날 가능성이 높음.
- 해일로 인해 물이 무릎(약 50 ㎝) 정도 잠기면 이동 속도가 반으로 느려지므로 대피 장소의 거리를 고려해 대피.
- 풍속이 약 20 m/s 정도면 어린아이는 혼자 움직이기 어려우며 성인 또한 이동이 둔해지므로 안전한 건물 안에 머무는 것이 바람직함.

혹시 너희들 예전에 인도네시아에서 발생한 지진해일 알고 있니?

TV 뉴스에서 본 것 같아요.

몇 십만 명이 목숨을 잃었다고 알고 있어요.

몇 십만 명?

그게 정말이야?
얼마나 큰 지진해일이기에 그렇게 많은 사람이 죽었을까?

삼촌, 너무 무서워요.

2004년 12월 26일 인도네시아 수마트라섬 인근 해저에서 지진해일이 발생했어.
인도네시아

이 지진해일로 스리랑카, 몰디브, 인도, 태국, 말레이시아, 인도네시아, 싱가포르, 아프리카의 소말리아까지 큰 피해를 입었고 28만 명이 넘는 사람이 안타깝게 목숨을 잃었지.
츄아아악

당연히 있지. 먼저 땅이 흔들리고, 바닷물이 썰물일 때처럼 갑자기 빠져 나가거나 열차나 비행기 소리가 들린 것 같으면 지진해일의 징후라고 볼 수 있어. 그럴 때는 빨리 뛰어서 최대한 높은 곳으로 피하면 돼.

재난뉴스

2011년 3월 11일

일본 지진으로 대규모 쓰나미 발생

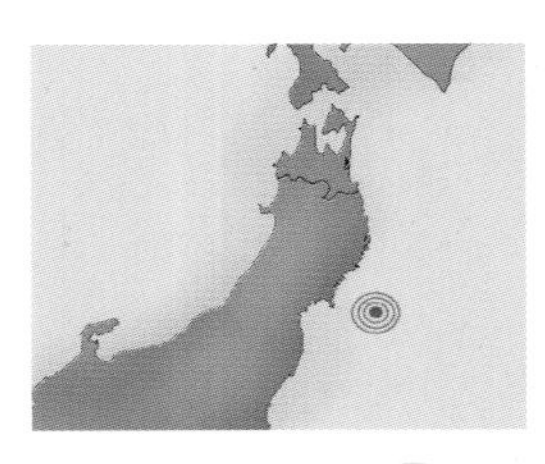

2011년 3월 11일 오후 2시 46분, 일본 관측사상 최대 모멘트 규모 9.0의 지진이 발생했다. 지진의 진원지는 미야기 해안에서 129 ㎞ 떨어진 지점이었다.

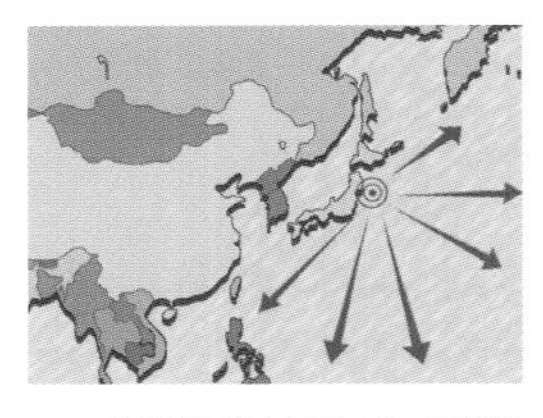

일본기상청과 미국 태평양지진해일경보센터(PTWC)는 3분만인 2시 49분 일본 동해안과 타이완, 사이판, 알래스카 등 태평양 인접 해안에 지진해일 주의보 또는 경보를 발령했다.

이후 파고 10 m 이상, 최대 높이가 38.9 m에 달하는 대규모 해일(쓰나미)이 일본의 동북 지역 태평양 연안에 치명적인 피해를 초래했다.

쓰나미는 일본의 태평양 연안을 따라 670 ㎞에 달하는 지역에 막대한 피해를 입혔다. 어떤 지역에서는 15 m 높이의 집채만 한 파도들이 해안가로 들이닥쳐 방파제와 강둑을 산산이 부서뜨리고 내륙으로 40 ㎞까지 들어오기도 했다.

구조대는 헬기, 보트 등을 동원해 고지대 및 건물 옥상으로 대피한 사람들을 구출했다.

3월 14일 미야기 현 앞바다에서 2,000여구 가량의 시신이 발견되었다. 4월 5일 기준으로 일본 정부에서 집계한 공식 사상자는 사망 1만 2,321명, 실종 1만 5,347명이다.

또한 지진 자체나 해일에 의해 각종 도로와 철도도 큰 피해를 입었다.

또 지진과 그에 따른 해일로 인한 복합적 손상에 의해 후쿠시마 제1원자력 발전소 설비가 손상돼 대규모 원자력 사고가 일어났다. 이외에도 동북 지방의 각 원자력 발전소와 화력 발전소도 운전을 정지할 수밖에 없었고, 이로 인해 전력 부족이 우려돼 동북 전력과 도쿄 전력의 관할권 계획 정전이 실행됐다.

/ 재난뉴스 기자

재난대처방법 해일

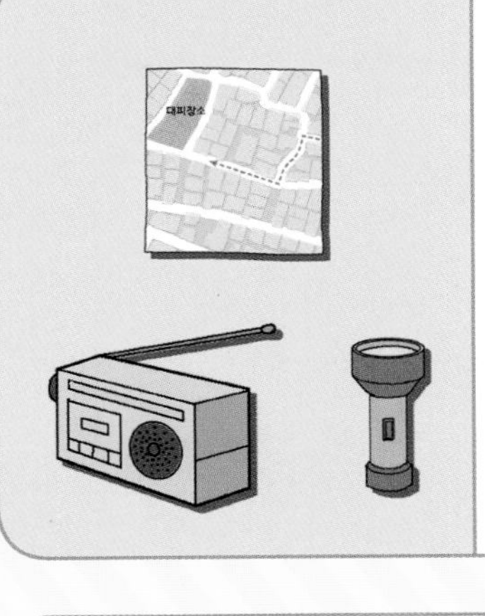

해일 대비

- □ TV, 라디오, 인터넷을 통해 기상 상황을 수시로 확인한다.
- □ 피난 가능한 대피소와 대피로를 미리 알아둔다.
- □ 비상시를 대비해 양수기, 손전등, 비상식량, 식수 등을 미리 준비한다.
- □ 헬기장을 반드시 알아두고 전화, 확성기 등 통신수단을 준비한다.
- □ 비상시 대처 방법을 미리 알아두고 비상연락망을 구축한다.
- □ 집 주변의 하수구, 배수구 등을 점검한다.

해일주의보 및 경보 때 지진해일 ❶

- □ 모든 통신 수단을 동원해 모은 지진해일 정보를 가족이나 이웃 등 지역 주민들에게 전파한다.
- □ 일본의 서해안 지역에서 지진이 발생할 경우, 우리나라의 동해안에는 약 1~2시간 뒤 해일이 도달하게 되므로 위험물을 안전한 장소로 이동 · 고정해 놓는다.
- □ 선박은 가능하면 항외로 대피시키고, 이게 불가능하면 고정 및 파손 방지 조치를 해 놓는다.
- □ 해안가에서 강한 진동을 느낄 경우 2~3분 이내에 국지적인 해일이 습격할 수 있으므로 신속히 고지대로 대피한다.

해일주의보 및 경보 때 지진해일 ❷

- □ 항해 중인 선박은 항구로 복귀하지 말고 수심이 깊은 바다로 대피한다.
- □ 방파제의 안쪽은 지진해일 영향이 크므로 배를 대놓지 않는다.
- □ 물에 떠내려갈 위험이 있는 물건은 안전한 장소로 이동 · 고정해 놓는다.
- □ 대피 시 수도, 가스, 전기는 완전히 차단한다.

해일주의보 및 경보 때 폭풍해일

- ☐ 태풍 등의 기상 상황과 태풍으로 인한 폭풍해일 정보를 알아둔다.
- ☐ 폭풍해일주의보나 경보 등 정확한 정보에 따라 신속히 대피한다.
- ☐ 비상시를 대비해 양수기, 손전등, 비상식량, 식수 등을 미리 준비한다.
- ☐ 물에 떠내려갈 위험이 있는 물건은 안전한 장소로 이동 · 고정해 놓는다.
- ☐ 해안가 근처나 저지대에 있는 주민은 대피 준비를 한다.

해일이 진행 중일 때

- ☐ 무리를 지어 대피하며 단독 행동은 가능한 하지 않는다.
- ☐ 자동차는 위험하므로 절대 사용하지 않는다.
- ☐ 고압전선, 전신주, 가로등, 신호등에 접근하지 말고 대피한다.
- ☐ 가능한 모든 수단을 이용해 가족이나 이웃, 지역 주민들이 대피할 수 있도록 전파하고 해안으로부터 최대한 멀리 대피한다.
- ☐ 목조 건물은 떠내려갈 위험이 있으니 고층의 철근콘크리트 등과 같은 튼튼한 건물로 대피한다.
- ☐ 낭떠러지 등 급경사가 없는 높고 안전한 장소로 대피한다.

해일이 멈춘 뒤

- ☐ 물이 빠져나가고 있을 때는 기름이나 오수로 오염됐을 경우가 많으므로 물에 접근하지 않는다.
- ☐ 해일이 지나간 지역은 도로가 약화돼 무너질 수 있고, 하천제방 및 축대 붕괴, 산사태 발생 우려가 있으므로 주의한다.
- ☐ 물에 젖었던 가스보일러는 반드시 점검을 받은 뒤 사용한다.
- ☐ 집에 도착한 뒤 들어가지 말고 붕괴 가능성을 반드시 점검한다.
- ☐ 고압전선, 전신주, 가로등, 신호등에 접근하거나 접촉하지 말고, 해일로 밀려온 물에 몸이 젖은 경우 비누로 깨끗이 씻는다.
- ☐ 수돗물이나 저장식수도 오염 여부를 반드시 조사한 뒤 사용한다.

재난지식 노트

해일의 종류와
특성을 기억해요!

해일의 정의

❶ 바다에서 높은 파도가 밀려오는 현상.

❷ 지진이나 폭풍, 화산 폭발, 빙하의 붕괴 등으로 인해 바다의 큰 물결이 육지로 갑자기 넘쳐 들어오는 현상.

해일의 종류

꼭 기억하자!

❶ 지진해일 : 해저지진이나 해저 화산 폭발 또는 해저 산사태 등이 발생하면 그 파동으로 인한 긴 파도가 해안으로 밀려오는데, 이를 지진해일(쓰나미)이라고 한다. 지진해일은 육지에 가까이 밀려올수록 파도가 높아져 해안 지방에 큰 피해를 입힌다.

❷ 폭풍해일 : 태풍이나 저기압 중심에 접근할 때 기압차로 인해 강한 바람이 해안을 향해 불어오면 해안지대의 해면이 높아져 일어나는 해일.

❸ 얼음해일 : 빙하의 붕괴로 일어나는 해일.

해일의 특성

꼭 기억하자!

❶ 해일의 주기는 10여 분~수십 분, 파장은 수백㎞에 달하고 속도는 깊이가 4,000 m일 때 시속 약 720 ㎞에 달한다.

❷ 해안에 가까워지면 수심이 얕아져 속도가 줄어 파도의 앞부분이 느려지고 뒷부분이 따라와 에너지가 좁은 범위로 압축된다.

❸ 먼 바다에서는 대수롭지 않았던 파도가 해안에서는 높이가 수십m 되는 큰 파도가 된다.

해일 특보

구분	폭풍해일	지진해일
해일 주의보	천문조, 폭풍, 저기압 등 복합적인 영향으로 **해수면이 상승해 발효기준값 이상이 예상될 때** (발효기준값은 지역별로 별도 지정)	한반도 주변 지역 등에서 **규모 7.0 이상의 해저지진**이 발생해 해일 발생이 우려될 때
해일 경보		한반도 주변 지역 등에서 **규모 7.5 이상의 해저지진**이 발생해 우리나라에 지진해일 피해가 예상될 때

13
대설

후유~ 아직도 자고 있네.
드르렁
드르렁
어서 일어나렴.
아침에 아빠랑 할 일이 있단다.

아함~ 무슨 일인데요?
덥석
딱 10분만 더 자고 할게요.

이 녀석, 안 일어난다 이거지?
쿨
쿨
그렇다면!

으악, 추워!
휘
이
이
잉

어때, 잠이 확 달아나지?
휘
이
이
잉
벌
떡
아빠, 너무해요! 주말인데 늦잠도 못 자게 하고!

어서 옷 챙겨 입어. 집 앞에 눈이 많이 쌓여 치워야 하니까.

날씨가 영하로 떨어지면 수도 계량기가 동파되지 않도록 신경써야 한단다.

여기 보렴. 이 예방법을 잘 알아두면 동파될 일은 없을 거야.

수도 계량기 동파 예방법

수도 계량기 보호통 내부를 헌 옷 등 보온재로 꽉 채운다.

보호통 외부는 비닐 등으로 차단해 찬 공기가 들어가지 않도록 한다.

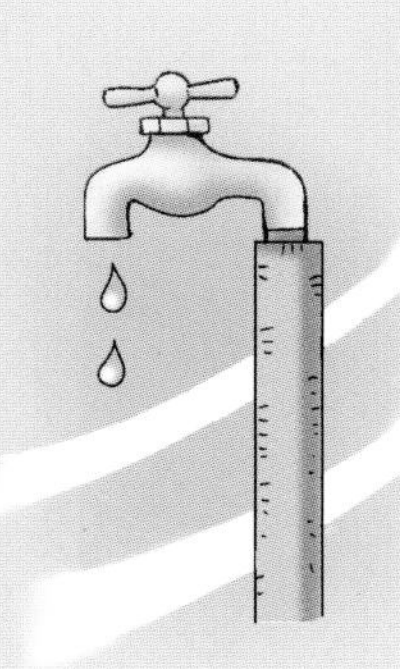

*혹한 시에는 욕조 등의 수도꼭지를 조금 틀어 놓는다.

*혹한 몹시 심한 추위란 뜻으로 음력 12월을 가리킴.

수도 계량기와 수도관이 얼었을 때 대처 방법

계량기를 녹일 때는 약 50~60 ℃ 정도의 물로 녹여 준다.

계량기를 녹이고자 화기 등을 사용하는 것은 화재 위험이 있으니 하지 않는다.

만약 계량기가 얼어서 유리가 깨지면 수도사업소에 신고한다.

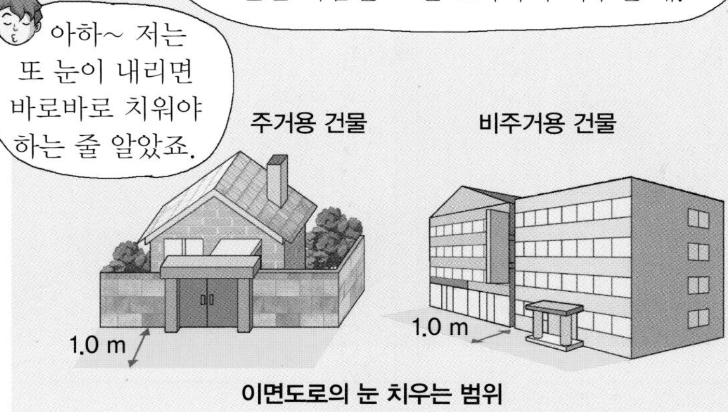

그렇진 않아.
눈을 치워야 하는 시간이 따로 정해져 있거든. 낮에 내린 눈은 그친 때로부터 4시간 안에 치워야 하고 밤에 내린 눈은 다음날 오전 11시까지 치우면 돼.
아하~ 저는 또 눈이 내리면 바로바로 치워야 하는 줄 알았죠.
주거용 건물
비주거용 건물
1.0 m
1.0 m
이면도로의 눈 치우는 범위

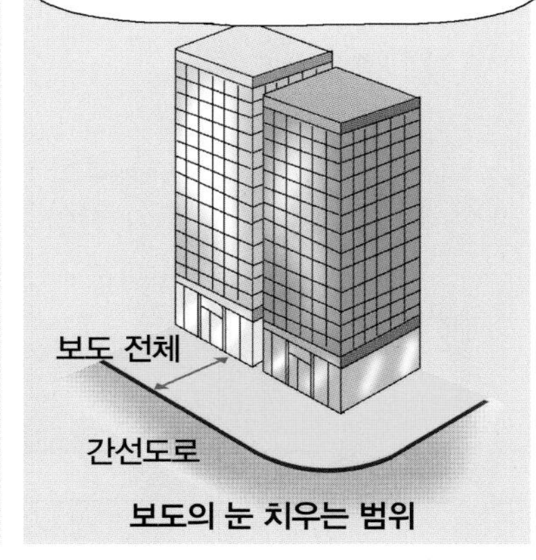

또 하루에 내린 눈이 10 cm 이상이면 24시간 이내에 치워야 하고, 눈을 치워야 하는 범위도 정해져 있지.
보도 전체
간선도로
보도의 눈 치우는 범위

어! 도로에 뭘 저렇게 뿌리는 거예요?

아, 저건 염화칼슘과 소금을 뿌리는 거야.
염화칼슘과 소금이요?

그래, 염화칼슘과 소금이 제설용으로 사용되는 데는 과학적 원리가 들어 있어.
첫 번째는 바로 용해열이야. 용해열은 고체의 염화칼슘과 소금이 눈이라는 물의 상태에 녹을 때 열이 발생하는 걸 말해!
염화칼슘 10 g 당 약 21.6 g의 눈을 녹일 수 있는 열이 발생해.
두 번째는 어는점 내림이야. 순수한 물은 0 ℃에서 얼지만, 염화칼슘과 소금 같은 화학물질이 섞인 용액은 어는 온도가 0 ℃보다 낮아. 순수한 물보다 염화칼슘과 같은 불순물이 섞인 용액의 어는점이 더 낮은 거지.
그래서 눈이 어는 걸 막기 위해 염화칼슘을 뿌리는 거란다.
염화칼슘
10 g
눈
약 21.6 g

제설용 소금과 염화칼슘의 사용은 자동차의 부식을 촉진시켜. 또 신발과 옷에 염화칼슘이 묻은 채 실내에 들어오면 염화칼슘이 건조된 뒤 미세한 먼지로 바뀌면서 공기 중에 퍼져 결국 호흡기 질환을 유발하게 된단다.

또 도로면에 움푹 파인 웅덩이를 '포트홀(pot hole)'이라고 하는데, 겨울철에 많이 생기는 이 포트홀은 물이나 염화칼슘에 의한 거라고 해.

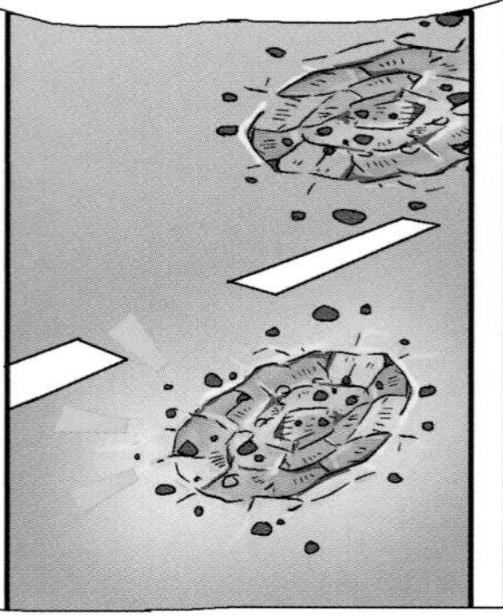

무엇보다 가로수가 양분과 수분을 흡수하기 어려워져 *황화가 나타나거나 병충해에 대한 저항력을 떨어뜨려. 또 하천으로 흘러 들어간 염화칼슘은 하천의 염소와 칼슘 농도를 높여 미생물의 활성을 떨어뜨리고 수질을 오염시키는 원인이 되지.

*황화 빛이 부족해 식물의 세포가 엽록소를 형성하지 못하는 현상.

아, 그런데 눈은 치워도 치워도 끝이 없네요.

조금만 더 하면 끝나니 힘내자!

아빠, 그런데 왜 이렇게 눈이 많이 내리는 거예요?

대설은 겨울철에 발달한 저기압의 영향을 받고 찬 대륙고기압의 공기가 서해와 동해로 움직이면서 해수와 기온과의 온도 차로 눈 구름대가 만들어지면서 발생해.

또 고기압의 경계선에 한기를 가진 상층 기압골이 우리나라 상공을 통과하면서 발생하지.

고
몽골
고
저
찬 공기
중국
한국
일본

영하 30 ℃ 이하
차고 건조한 공기
수증기
따뜻한 바다
중국
한국 서해안

서해안 폭설의 원인

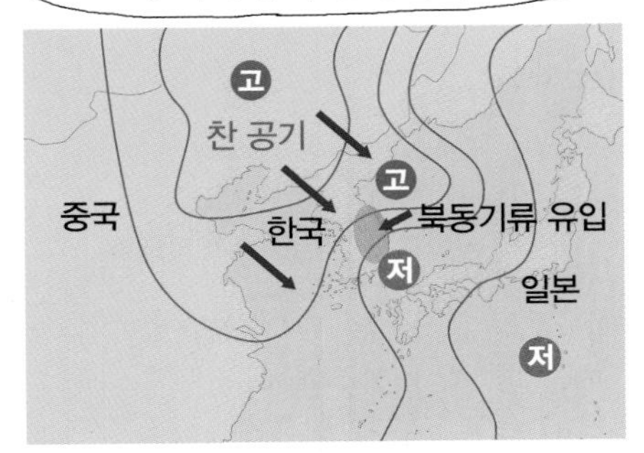

동해안 폭설의 원인

그렇군요. 눈이나
비도 적당히
왔으면 좋겠어요.

그게 우리 마음대로 되나.
자연현상에 맞게 우리가
잘 대처하는 수밖에 없지.

자, 그건 그렇고. 빨리
눈 치우고 들어가야겠다.
벌써부터 배가 고프네.
슥
슥
슥
네!

후유~ 드디어 끝났다.
고생했어, 아들!
아빠도 고생
많으셨어요.

왠지 그냥
들어가기
아쉬운데….
으~, 추워!
빨리 들어가자!

아침부터 땀을 뺐으니
들어가서 샤워나….
퍽

앗, 차가워!
이게 뭐예요?
눈도 왔는데 눈싸움
한판 어때?

에잇!
퍽

퍽
받아랏!
휙

휙
퍽
퍽
퍽
아빠, 항복, 항복! 제가 졌어요!

좋아. 문제 하나 낼게. 맞히면 항복을 받아주마.
좋아요!
대설주의보는 24시간 신적설량이 몇 cm 돼야 발령될까?
음, 8 cm요!

땡! 5 cm란다!
5 cm
헉!

퍽
퍽
퍽
아빠, 그만요!
아얏!
퍽

형, 삼촌이랑
뭐해?
아, 너희들 왔구나.
나의 구세주!
와락
폭
안녕하세요.
척
그래, 아침부터
웬일이니?

아침에 눈이 많이 쌓였기에
눈 치우는 거 도와드리려고요.
근데 이미 다 치우셨네요.
이야, 기특한걸!
고맙다.
저는 형이랑 오늘 달리기
시합하려고 왔어요.
척
흣, 너 또 나한테
지려고?

이거 왜 이러셔?
오늘을 위해 엄청난
훈련을 하고 왔다고!
푸하하, 좋아.
그럼 상대해 주지.
졌다고 울지나 마라!
누가 우는지
두고 보자고!
척-
준비!
탕!
미
끌
윽, 미끄러워!
형, 이번에는 내가 이겼다!
헉!
어! 눈
위에서 빨리 뛰면
위험해.
어쩐지.
아이젠을 신어서
그렇게 달렸군!
이럴 수가! 어떻게 저렇게
빨리 달릴 수 있지?
이런, 들켜버렸네!
파바바박

재난뉴스

1972년 2월 9일

이란, 역사상 최악의 폭설

중동에 위치한 이란은 온대기후 내지는 뜨거운 사막 기후라 생각하지만, 사계절이 뚜렷한 지역도 많고 수도 테헤란은 뜨거운 여름과 혹독한 겨울로 유명하다.

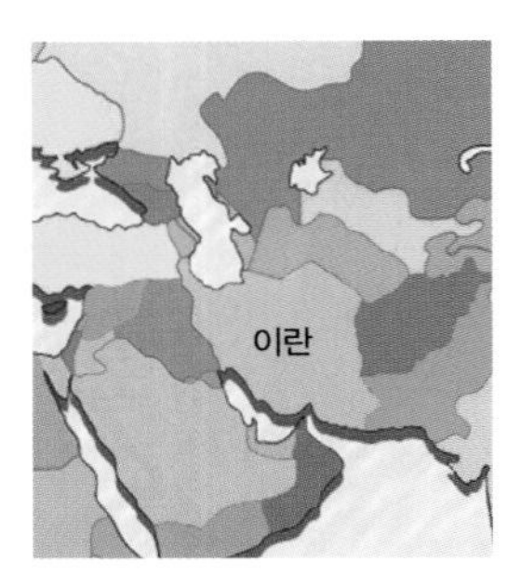

1972년 2월 3일~9일 이란 남부와 중부, 북서부 지방에 평균 3 m의 폭설이 내렸다.

남부 이란에서는 평균 8 m, 최대 26 m에 달하는 폭설이 내려 100여 개의 마을이 눈에 파묻혔다.

그런데 이란의 아르다칸 외곽에 위치한 2개의 마을에서는 이상하게 구조 요청이 들리지 않았다. 마을 주민 모두가 사망했기 때문이다.

이 폭설은 역사상 최악의 폭설 사고로 기록됐고 결국 6,000명의 사상자 중 4,000명의 사망자가 발생하는 엄청난 인명 피해를 남겼다.

2월 9일 이후로 눈은 그쳤지만, 교통망은 완전히 끊겼다. 다행히 구조대원이 파놓은 터널로 몇몇 주민들은 무사히 빠져나왔다.

하지만 많은 사람들이 고립된 상태로 급작스러운 기온 강하와 추위, 고열에 시달렸고 구호품을 애타게 기다렸지만 전달받지 못해 사망자 수가 많이 늘어났다.

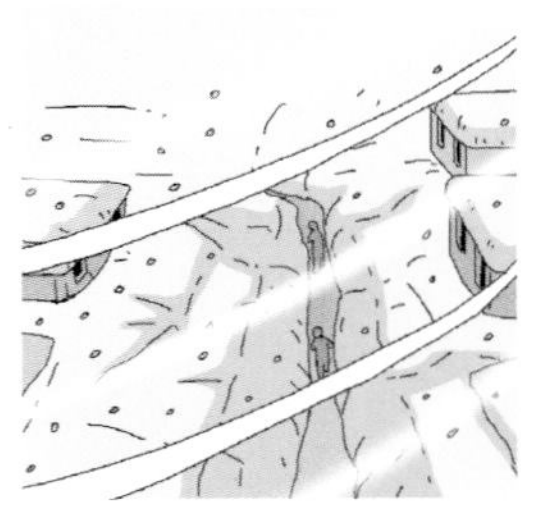

갑작스러운 자연재해에 대한 피해도 막대하지만 이 사건처럼 대비책이 미비하면 엄청난 재앙이 될 수 있다.

/ 재난뉴스 기자

재난대처방법 대설

대설주의보 및 경보 때 모든 지역

- □ TV, 라디오, 인터넷을 통해 대설 상황을 파악한다.
- □ 제설 장비와 염화칼슘 등을 사용하기 편한 장소에 둔다.
- □ 오래되거나 낡은 주택의 거주자는 이웃이나 친척 집으로 대피한다.
- □ 가능한 외출을 삼가고 특히 노약자나 어린이는 집 안에 머무른다.
- □ 외출할 때는 행선지와 일정을 가족이나 동료에게 미리 알린다.
- □ 옥내 · 외 전기 수리는 감전의 위험이 있으니 하지 않는다.

대설주의보 및 경보 때 도시 지역

- □ 출퇴근은 가능한 버스나 지하철 등 대중교통을 이용한다.
- □ 원활한 제설 작업을 위해 도로변에 차량을 주차하지 않는다.
- □ 평소보다 일찍 등교하거나 출근하고 일찍 집에 돌아온다.
- □ 아파트나 대형 건물의 과도한 난방으로 인한 전열기 과부하에 주의한다.

대설주의보 및 경보 때 농촌 지역

- □ 비닐하우스 등 작물 재배 시설의 붕괴를 방지하기 위해 받침대를 보강하는 등의 조치를 취한다.
- □ 하우스의 골조를 보호하기 위해 작물을 재배하지 않은 빈 하우스는 비닐을 걷어낸다.
- □ 외진 장소에 위치한 이웃은 수시로 연락해 안전을 확인한다.
- □ 온실작물의 언 피해를 방지하기 위해 적절한 보온을 실시한다.
- □ 하우스나 온실 주변의 배수로를 정비해 녹은 눈이 스며들지 않도록 예방한다.

대설주의보 및 경보 때 **해안 지역**

- ☐ 대설에 따른 한파를 대비하기 위해 *월동장을 설치한다.
- ☐ 보온 장비나 방풍망을 설치해 육상 양식장을 따뜻하게 한다.
- ☐ 방파제나 선착장 등에 접근하지 않는다.
- ☐ 각종 선박의 화물을 내리고 대설로 인한 위험을 예방한다.
- ☐ 주민이나 낚시객 등은 해안가에 접근하지 않는다.
- ☐ 선박의 입출항을 통제하고 결박 조치한다.

*월동장 주로 물고기 따위가 겨울을 나는 곳.

대설이 진행 중일 때 **집에서**

- ☐ 집 앞에 쌓인 눈은 자신이 치운다.
- ☐ 집 주변이나 이동로의 빙판에는 염화칼슘이나 모래 등을 뿌려 미끄럼 사고를 예방한다.
- ☐ 가능한 외출을 삼가고 특히 노약자나 어린이는 집 안에 머무른다.
- ☐ 오래된 주택의 붕괴 사고를 예방하기 위해 안전점검 및 정비를 실시한다.
- ☐ 비상시 언제나 대피할 수 있도록 준비한다.
- ☐ 가족이나 이웃, 행정기관과의 연락망을 확인한다.

대설이 진행 중일 때 **길에서**

- ☐ 빙판길에 주의하며 이동한다.
- ☐ 등산화나 바닥면이 넓은 운동화를 신어 미끄러지는 것을 방지한다.
- ☐ 미끄러운 길을 걸을 때는 주머니에 손을 넣지 말고 장갑을 낀다.
- ☐ 걸을 때 핸드폰을 사용하지 않는다.
- ☐ 횡단보도를 건널 때 차량이 멈춘 것을 확인한 뒤 건넌다.
- ☐ 계단을 오르내릴 때 난간을 붙잡는다.
- ☐ 야간 보행 시 밝은 길을 이용하고 도로로는 절대 걷지 않는다.

대설이 진행 중일 때 **도로에서 ❶**

- ☐ 라디오 등을 통해 교통 상황을 듣는다.
- ☐ 가능한 자가용 대신 버스나 지하철 등 대중교통을 이용한다.
- ☐ 출발 전에 기상 정보와 교통 정보를 알아둔다.
- ☐ 만일을 대비해 목적지까지의 우회 도로를 미리 알아둔다.
- ☐ 대설로 인한 차량 고립 등을 대비해 생필품을 차량에 휴대한다.
- ☐ 가능한 국도를 이용하며 고속도로 이용은 삼간다.

대설이 진행 중일 때 **도로에서 ❷**

- ☐ 체인 등의 대설 대비용 장비를 차량에 휴대 · 장착한다.
- ☐ 결빙 구간이나 고가도로 등을 운행할 때는 감속 운전한다.
- ☐ 바닥이 미끄러운 지하철 공사 구간의 복공판을 지날 때는 감속 운전한다.
- ☐ 차량 간의 안전거리를 유지하며 브레이크 사용을 자제한다.
- ☐ 브레이크를 사용할 때는 엔진브레이크를 사용한다.
- ☐ 눈길에서의 제동거리를 고려해 교차로나 횡단보도 등을 지날 때 서행한다.

대설에 의해 **차량이 고립됐을 때**

- ☐ 침착하게 도로관리기관이나 119, 경찰서 등에 도움을 요청하고, 가족이나 지인들에게 상황을 알려 구조기관에 협조할 것을 요청한다.
- ☐ 불필요한 휴대폰의 사용을 삼가고, 비상시 연락에 대비한다.
- ☐ 라디오나 휴대폰을 이용해 교통 상황이나 차량 고립 시 대처 요령을 알아둔 뒤 행동한다.
- ☐ 몸을 가볍게 움직이거나 담요 등을 이용해 체온을 유지한다.
- ☐ 차량 히터를 틀 때는 창문을 조금 열어두는 등 환기를 시킨다.
- ☐ 차량 주변을 제설한다.
- ☐ 동승자와는 교대로 휴식한다.

대설이 진행 중일 때 **산에서**

- ☐ 겨울 등산 장비를 완벽히 갖춘 후 산에 오른다.
- ☐ 비상시의 눈사태에 대비해 지정된 안전한 장소로 대피한다.
- ☐ 휴대용 랜턴, 라디오, 밧줄, 구급약품 등을 휴대한다.
- ☐ 행정기관과 수시로 연락하며 권고에 따라 행동한다.
- ☐ 무리한 산행은 하지 않는다.

대설이 진행 중일 때 **공사장에서**

- ☐ 타워크레인 등의 작업을 중지한다.
- ☐ 각종 기자재를 안전한 장소로 이동시킨다.
- ☐ 안전화나 안전줄 등의 각종 안전장비를 착용한다.
- ☐ 기타 필요한 안전조치를 취해 귀중한 생명을 잃지 않도록 노력한다.

대설이 멈춘 뒤

- ☐ 가스, 수도, 전기 등의 공급관을 조사하고 작동 여부를 확인한다.
- ☐ 파손된 상하수도나 도로를 발견하면 시 · 군 · 구청이나 읍 · 면 · 동사무소에 연락한다.
- ☐ 부상자, 고립된 사람이 있는지 철저히 수색한다.
- ☐ 사유시설 등을 보수 · 복구할 때는 반드시 사진을 촬영한다.
- ☐ 파손된 전기시설은 손으로 만지거나 접근하지 않는다.
- ☐ 자신의 집의 피해가 크더라도 절대 흥분하지 말고 침착하게 처리한다.
- ☐ 대설이 멈추었다고 해서 절대 방심하지 않는다.

재난지식 노트

대설의 원인과
대설 통보 기준을
기억해요!

대설의 정의

❶ 아주 많이 오는 눈을 뜻함.

❷ 24절기 중 21번째 절기로 소설과 동지 사이에 위치한 절기.

❸ 대설은 1년 중 눈이 가장 많이 내리는 절기로 음력 11월, 양력으로는 12월 7일~8일 무렵에 해당하며 태양의 황경이 255°에 도달한 때를 말함. 그러나 이는 중국 화북지방의 기후를 기준으로 한 것으로 우리나라의 경우 눈이 많이 내리지 않는 경우도 많음.

❹ 우리나라의 경우 12월보다 오히려 1월이나 2월에 평균적으로 더 많은 눈이 내림.

대설의 원인

꼭 기억하자!

❶ 저기압이 우리나라를 통과할 때 남풍으로 유입된 온습한 수증기가 차가운 공기와 만나는 저기압의 북동쪽에서 주로 많은 눈이 내림.

❷ 동해안 지방은 지형적 영향이 더해져 동해상의 수증기가 유입되며 지속적으로 많은 눈이 내림.

❸ 시베리아 고기압이 확장하며 한파가 몰려올 때 매우 찬 공기가 서해상의 따뜻한 해수면 위를 지나면서 낮은 눈구름들이 발달하고, 북서풍을 따라 서해안과 전라도 서해안으로 밀려와 해안 지방을 중심으로 지속적인 눈이 내림.

❹ 특히 영동지방의 경우 태백산맥을 넘는 습윤공기와 동해에 위치한 찬 북동 기류가 만나 대설의 원인이 됨.

대설의 통보

꼭 기억하자!

구분	대설주의보	대설경보
내용	24시간 *신적설량이 5 cm 이상 예상될 때	24시간 신적설량이 20 cm 이상 예상될 때 (단, 산지는 30 cm 이상 예상될 때)

*신적설 어떤 특정한 기간 동안에 새로 내려 쌓인 눈의 깊이.

14 한파

박사님, 지금 연탄 트럭이 도착해서 배달할 준비 다 됐습니다.

스윽

네, 알겠습니다.

아빠, 좀 늦었죠? 죄송해요.
차가 밀려서 이제 도착했어요.
삼촌, 안녕하세요.
꾸-벅
너희들 왔구나!

괜찮아. 이제 막 시작하려던 참이야.
척-
너희들도 빨리 와서 줄을 서렴.

으~, 추워! 갑자기 추워지는 것 같아.
덜
덜
휘이이잉
덜
그러니까 나처럼 내복을 입고 왔어야지.

움직이기 불편할까봐 안 입고 왔더니….
에-취
내일부터 한파가 몰려오고 진짜 추워진대.
내일은 꼭 챙겨 입어.
근데 오빠, 한파는 어디서 오는 거야?
삐질
삐질
어, 그건 말이지….

한파는 차가운 한랭기단의 시베리아 고기압이 위도가 낮은 중국 남부까지 확장하면서 한반도에 급격한 온도 하강을 발생시키는 현상이란다.
지구온난화로 인한 북극의 이상고온 현상으로 찬 공기를 차단시켜 주는 제트기류가 약해져 찬 공기가 남쪽으로 밀려 내려오게 되는 거지.
평상시 제트기류
차가운 공기가 제트기류에 갇힘
북극
찬 공기
약해진 제트기류
고
한파의 원인
북극의 제트기류가 약해지면서 찬 공기가 남하해 한반도에 강추위를 불러옴
그렇군요!

으차

힘들지 않아?
이 정도는 끄떡없지!
저벅
저벅

할머니, 저 왔어요. 집에 계세요?
스윽

뉘시오?
끼익
아니, 자네 아닌가? 추운데 어쩐 일이야?

내일부터 한파가 시작된대요.
따뜻하게 겨울 지내시라고 연탄 좀 가져왔어요.

작년에도 덕분에 잘 지냈는데, 올해도 이렇게 챙겨주니 고맙네.
글썽
글썽

할머니, 저희들도 왔어요!
아이고, 우리 강아지들 왔네!

콜록
콜록
왜 그렇게 기침을….
할머니, 감기
조심하세요.

어제부터
몸이 안 좋더니, 감기가
심해지네.
할머니, 요새 독감이
유행이라던데 병원에
한번 가보세요.

독감? 할머니
그렇게 독한 감기에
걸리신 거예요?
깜짝

독감은 독한 감기란
뜻이 아니야!
척 -
정말요? 이제까지
독한 감기가 독감인 줄
알았는데!

많은 사람들이 그렇게
알고 있지만, 감기와
독감은 엄연히 다르단다.
어! 저도 처음 듣는
얘기예요!
그게 정말인가요?

감기

리노바이러스, 아데노바이러스, 콕사키바이러스 등이 코나 목의 상피세포에 침투해 일으키는 질병. 콧물, 기침, 고열, 몸살 등 흔히 알고 있는 감기 증상을 나타낸다.

독감

인플루엔자 바이러스가 폐에 침투해 일으키는 급성 호흡기 질환. 38 ℃가 넘는 고열과 두통, 근육통이 생기고 눈이 시리고 아프기도 한다. 독감이 심할 경우 합병증으로 목숨을 잃을 수도 있다.

감기 VS. 계절독감 VS. 신종플루

	감기	계절독감	신종플루
원인	200종류 이상의 다양한 바이러스	인플루엔자A (H1N1, H3N2) 인플루엔자B 바이러스 등	신종인플루엔자A(H1N1) 바이러스
잠복기	1~4일	1~7일	1~7일
증세	두통, 미열, 콧물, 코막힘, 기침, 재채기, 인후통	두통, 근육통, 피로, 고열, 콧물, 오한, 기침, 인후통, 호흡곤란, 관절통, 구토, 설사	두통, 근육통, 피로, 고열, 콧물, 오한, 기침, 인후통, 호흡곤란, 관절통, 구토, 설사
합병증	결막염, 축농증, 중이염	상기도 · 하기도 감염, 폐렴, 천식(심할 경우 사망에 이를 수 있음)	폐렴, 급성호흡부전 (심할 경우 사망에 이를 수 있음)
예방법	청결 유지, 비타민C 섭취, 습도 유지	청결 유지, 발열 · 호흡기 증상자 피하기, 예방 백신 접종	청결 유지, 발열 · 호흡기 증상자 피하기, 예방 백신 접종
치료	증세 완화 약, 주사제, 휴식	해열 진통제 타이레놀 등 (때에 따라 타미플루, 릴렌자 등 항바이러스제 사용)	항바이러스제 타미플루, 릴렌자 등

그, 그렇다면…!

삼촌, 이럴 때가 아니잖아요.
빨리 독감 주사 맞으러 가요!
또 시작이군. 넌 정말 모르는 게 약이다.
와, 그런데 감기를 일으키는 바이러스가 200종이나 된다니, 엄청 많네요.
얘들아, 집합!
그래. 감기 바이러스가 워낙 다양해서 감기는 아직 백신이나 치료제가 없단다.

최첨단 의료 기술이 발달한 21세기에 아직까지 감기 치료제가 없다는 게 이해되지 않는데요!

감기는 대부분 시간이 지나면 저절로 낫고, 감기가 원인인 바이러스가 너무 다양해 어디에 초점을 맞춰 백신을 개발해야 하는지 의문인 거지.
괜히 만들었어.
감기 백신
게다가 다양한 백신을 만들어봤자 별 실용성이 없다는 이유도 있어.

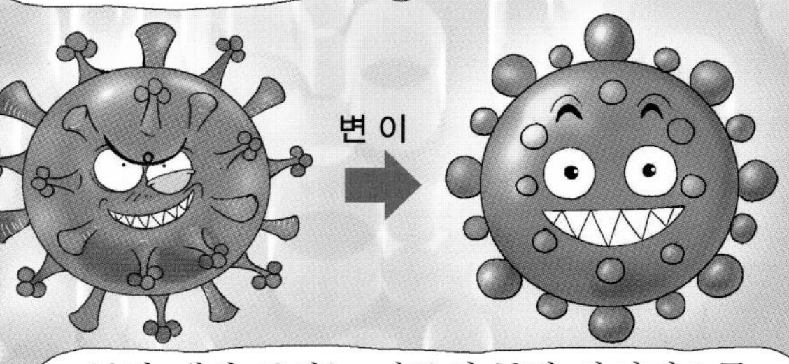
그럼 독감은 한 가지인데 왜 매년 독감 예방 주사를 맞아요?
한 번만 맞으면 되는 거 아닌가요?
인플루엔자 바이러스의 변이가 일어나서야. 게다가 면역 지속 기간도 3~6 개월에 불과하거든.
변 이
독감 예방 주사는 기존의 독감 바이러스를 예방할 뿐만 아니라 그 해에 유행할 것으로 예상되는 독감 바이러스에 대한 면역 기능을 갖도록 처방돼서 매년 맞아야 한단다.

겨울철 화재 예방 요령

① 난방용 콘센트는 적정 용량에 맞게 사용한다.
② 난방용품은 가능한 동시에 두 개 이상을 사용하지 않는다.
③ 전기장판, 히터 등 난방용품은 사용한 뒤 반드시 전원을 차단한다.
④ 전기장판류는 접어서 사용하거나 보관하지 않는다.
⑤ 난방용품의 전선이 무거운 물건에 눌리지 않도록 한다.
⑥ 오랫동안 사용하지 않은 난방용품은 반드시 고장 여부를 확인하고 가동한다.
⑦ KS 인증 또는 제품 승인을 받은 난방용품을 구입한다.
⑧ 옷장, 이불, 소파 등의 가연성 물질 근처에서 난방용품을 사용하지 않는다.
⑨ 플러그가 콘센트에 완전히 접속됐는지 확인한다.
⑩ 가습기는 콘센트나 전기제품과 거리를 두고 사용한다.

그래, 맞아.
왜 그런지 알려줄게.

저체온증은 신체가 추위에 노출되면서 신체에 발생하는 열보다 더 빨리 열을 잃어버리고 체온이 정상 범위보다 떨어지는 증상을 말해.

추위에 장시간 노출돼 체온이 35 ℃보다 낮아질 경우에는 응급상황일 수 있으니 즉시 병원에 가야 한단다.

저체온증을 예방하는
요령을 알려줄 테니
여기를 잘 보렴.

저체온증 예방 요령

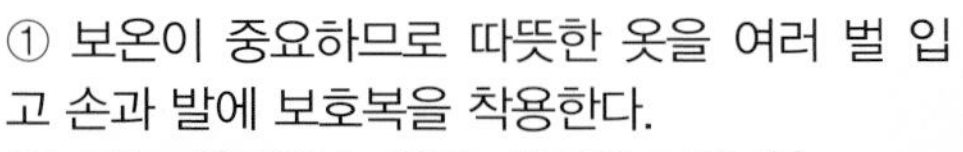

① 보온이 중요하므로 따뜻한 옷을 여러 벌 입고 손과 발에 보호복을 착용한다.
(꽉 끼는 허리밴드, 양말, 신발은 피한다.)
② 어린이나 노약자는 반드시 모자와 목도리를 착용한다. 보호되지 않은 머리와 목을 통해 많은 양의 열이 빠져나가므로 목도리와 모자를 착용하는 것이 매우 중요하다.
③ 가능하면 옷이 젖은 즉시 마른 옷으로 갈아입는다.

이건 여자 모자잖아!
하
하
하
송 박사님, 창고 안에
연탄 모두 넣어놨습니다.
탁
탁
네, 고생하셨어요.

그럼 다음 집으로
연탄 배달하러 가죠.

할머니, 내일부터
한파가 몰려온대요.
추우니 시장에 나가지
마시고 집에 계세요.
저벅
저벅

그래, 알았네. 바쁠
텐데 매번 챙겨줘서
고마워.
꾸벅
별 말씀을요.
아무쪼록 건강하게
지내십시오.

참, 날씨도 추운데….
스윽

감기라도 걸리면 어쩌려고.
이거라도 하시게.
척ー
할머니, 고맙습니다.

영차
영차

이야, 우리 조카들 열심히 잘하네.
다른 사람을 도우면 기분이 좋아져요!

얼굴에 뭐가 이렇게 묻었어? 삼촌이 닦아줄게.
너도 많이 묻었네. 깨끗이 닦아주마.
슥
슥
KIDS
KIDS

자, 다 됐다.
풉!
고맙습니다.
그럼 계속 해 볼까?
KIDS

얼굴 좀 봐!
형, 얼굴이 그게 뭐야? 완전 웃겨!
푸하하하
누가 할 소리? 거울이나 봐라!

멈 칫!
어!

아빠!
삼촌!
버럭
헤헤, 귀여운데 왜….

재난뉴스

2015년 2월 20일

미국 동부 최악의 한파

2015년 2월 20일 미국 워싱턴DC와 뉴욕을 비롯한 동부 지역에 최악의 한파가 몰아쳐 그동안 보유했던 기상 기록들을 갈아치웠다.

2월 20일 아침, 뉴욕 맨해튼의 센트럴파크는 영하 17 ℃를 기록해 1950년 이래 65년 만에 최저 기온을 기록했다.

워싱턴DC의 로널드 레이건 공항은 이날 아침 최저기온이 영하 15 ℃를 기록해 1896년 이후 120년 만에 가장 낮은 기온을 나타냈고, 보스턴의 이스트 밀턴 지역도 영하 18 ℃ 가까이 내려갔다.

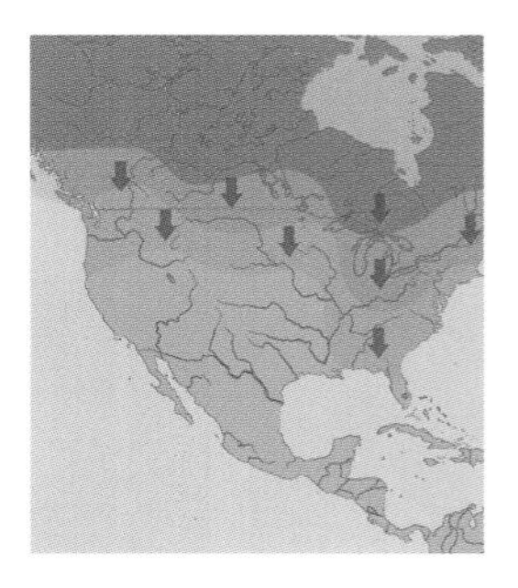

미국에서는 그동안 잦은 눈폭풍이 발생했던 북동부 지역뿐 아니라 남동부 지역까지도 한파가 몰려왔다.

이날 미국에서 아침 최저기온이 가장 낮은 곳은 영하 43.6 ℃를 기록한 미네소타 주 코튼이었고 휴양지로 유명한 플로리다 주 올랜도의 아침 최저기온도 1 ℃까지 떨어졌다.

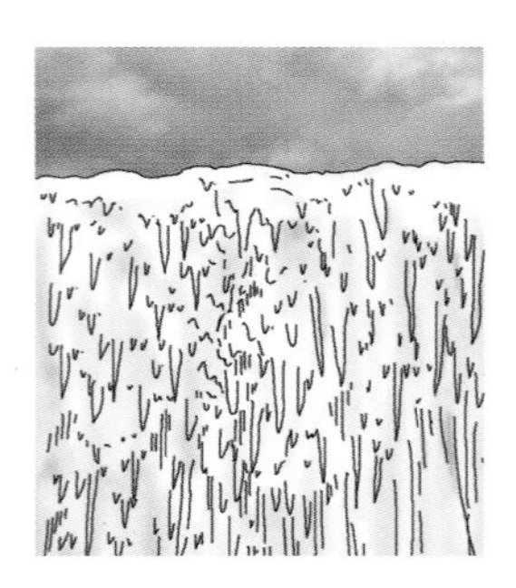

미국과 캐나다의 유명 관광지 나이아가라 폭포도 얼어붙어 거대한 빙벽이 만들어졌다.

비상사태를 선포한 테네시 주에서는 5만 가구에 전력 공급이 중단됐고, 미국 전역에서 항공과 철도의 운행이 중단됐다.

관공서와 상점은 문을 닫았고, 혹한으로 인한 사망자도 속출해 최악의 한파로 기록됐다.

/ 재난뉴스 기자

재난대처방법 한파

한파주의보 및 경보 때 모든 지역 ❶

- □ 신체 말단 부위인 손가락이나 발가락 동상에 주의한다.
- □ 손가락, 발가락 등에 감각이 없거나 창백해지는 경우 동상을 예방하는 조치를 취한다.
- □ 저체온증의 증상인 심한 한기, 피로, 불분명한 발음 등의 증상이 나타나면 즉시 병원에 간다.
- □ 가능한 외출을 삼가고 특히 노약자나 어린이는 집 안에 머무른다.

한파주의보 및 경보 때 모든 지역 ❷

- □ 심장이 약하거나 혈압이 높은 사람은 머리 부분과 노출 부위의 보온에 각별히 주의한다.
- □ 독감 예방접종을 하고 당뇨나 만성폐질환자는 반드시 예방접종한다.
- □ 가정 난방에 유의해 급작스러운 기온 강하에 의한 심장 및 혈관계통, 호흡기계통, 신경계통 등의 악화를 방지한다.
- □ 동상 시에는 동상 부위를 깨끗이 씻고 잘 말린 뒤 따뜻하게 한다. (단, 너무 뜨겁게 하지 말고 계속 주물러 혈액순환을 유도한다.)

한파주의보 및 경보 때 모든 지역 ❸

- □ 노출된 배관이나 수도관은 보온재나 헌옷 등을 이용해 온기를 유지한다.
- □ 장기간 외출할 때는 동파 방지를 위해 온수를 약하게 틀어 아주 조금씩 흐르게 한다.
- □ 환기구나 배기통이 막혀 있지 않은지 확인한 뒤 가스보일러를 사용하고, 정전에 대비해 손전등이나 유류연료 온열기를 준비한다.
- □ 유류시설 장치의 동파로 인한 위험 물질 누출이나 화재, 폭발 등의 재해가 발생하지 않도록 관련 시설을 보온 조치한다.

한파주의보 및 경보 때 도심 지역

- ☐ 아파트가 복도식인 경우 수도계량기의 동파가 발생하기 쉬우므로 헌 옷 등으로 감싸고 테이프 등을 붙여 외부의 찬 공기가 유입되는 것을 방지한다.
- ☐ 아파트나 대형 건물의 과도한 난방으로 인한 전열기 과부하에 주의한다.
- ☐ 회사나 공사 현장 등에서 과도한 전열기 사용을 금지하고 전열기 주위에는 불 붙기 쉬운 물건을 두지 않는다.
- ☐ 하나의 콘센트에 여러 개의 콘센트를 연결해 사용하지 않는다.

한파주의보 및 경보 때 농촌 지역

- ☐ 각종 과일이나 채소 등을 종류에 따라 적절히 보온한다.
- ☐ 난방용 온실 커튼 등을 활용해 온실작물이 어는 걸 방지한다.
- ☐ 온실에 보온벽과 방풍벽을 설치하고, 출입문은 이중으로 해 보온한다.
- ☐ 온실에 보온덮개나 단열재를 사용해 보온한다.
- ☐ 정전으로 인한 난방시설 가동 불능에 대비해 난로를 준비한다.
- ☐ 축사 등에 외풍 방지 조치를 하고 보온재와 난방기를 준비한다.
- ☐ 축사나 온실 등의 급수시설을 미리 점검 · 보온해 동파를 방지한다.

한파주의보 및 경보 때 해안 지역

- ☐ 한파를 대비하기 위해 월동장을 설치한다.
- ☐ 보온 장비나 방풍망을 설치해 육상 양식장을 따뜻하게 한다.
- ☐ 한파 정보를 수시로 확인해 양식어류가 얼어 죽는 걸 예방한다.
- ☐ 양식어류가 얼어 죽으면 냉동 저장해 판매함으로써 피해를 최소화한다.
- ☐ 양식어류에 동사 피해가 발생하면 행정기관에 신고한다.
- ☐ 방파제나 선착장 등으로 접근하지 않는다.
- ☐ 바다낚시는 자제하고 낚시할 때는 안전장비를 갖춘다.

한파가 진행 중일 때 집에서

☐ TV, 라디오, 인터넷을 통해 기상 정보 및 한파 상황을 수시로 확인하고, 외출할 때는 한파를 막을 수 있는 복장과 방한용품을 착용한다.

☐ 수도관 등이 얼면 헤어드라이기와 미지근한 물을 이용해 녹인다.

☐ 가능한 외출을 삼가고 특히 노약자나 어린이는 집 안에 머무른다.

한파가 진행 중일 때 길에서

☐ 등산화나 바닥면이 넓은 운동화를 착용해 미끄러지는 것을 방지하고, 빙판길에 주의하며 이동한다.

☐ 미끄러운 길을 걸을 때는 주머니에 손을 넣지 말고 장갑을 낀다.

☐ 길을 걸을 때 핸드폰을 사용하지 않는다.

☐ 횡단보도를 건널 때 차가 멈춘 것을 확인한 뒤 건넌다.

☐ 계단을 오르내릴 때 난간을 붙잡고 움직인다.

한파가 진행 중일 때 산에서

☐ 가능한 등산을 삼가고 등산할 때는 겨울 등산장비를 완벽히 갖춘 뒤 오른다.

☐ 휴대용 랜턴, 라디오, 밧줄, 구급약품 등을 휴대한다.

☐ 행정기관과 수시로 연락하며 권고에 따라 행동한다.

☐ 무리한 산행을 하지 않는다.

☐ 등산 중 절대 술을 마시지 않으며 야외에서 자지 않는다.

한파가 멈춘 뒤

☐ 가스, 수도, 전기 등 공급관을 조사하고 작동 여부를 확인한다.

☐ 파손된 상하수도나 도로를 발견하면 시 · 군 · 구청이나 읍 · 면 · 동사무소에 연락한다.

☐ 사유시설 등을 보수 · 복구할 때는 반드시 사진을 촬영한다.

☐ 파손된 전기시설은 손으로 만지거나 접근하지 않는다.

재난지식 노트

한파의 정의를 알고
한파 통보 기준을
기억해요!

한파의 정의

꼭 기억하자!

❶ 뚜렷한 저온의 한랭기단이 위도가 낮은 지방으로 몰아닥쳐 급격한 기온의 하강을 일으키는 현상.

❷ 우리나라는 서고동저의 전형적인 겨울형 기압배치에 있을 때 북서계절풍이 강하게 불고 영하의 추운 날씨가 전국에 몰아닥쳐 한파가 발생함.

한파의 원인

❶ 지구온난화로 북극에 이상고온현상이 나타나면서 제트기류가 약해지고 그 결과 북극의 한기가 시베리아 지역으로 이동.

❷ 북극해의 이상고온으로 우랄산맥 일대에 따뜻한 고기압이 형성되고 이 고기압 때문에 대기의 흐름이 굽이치면서 만들어진 강한 기압골이 공기를 우리나라로 끌어내림.

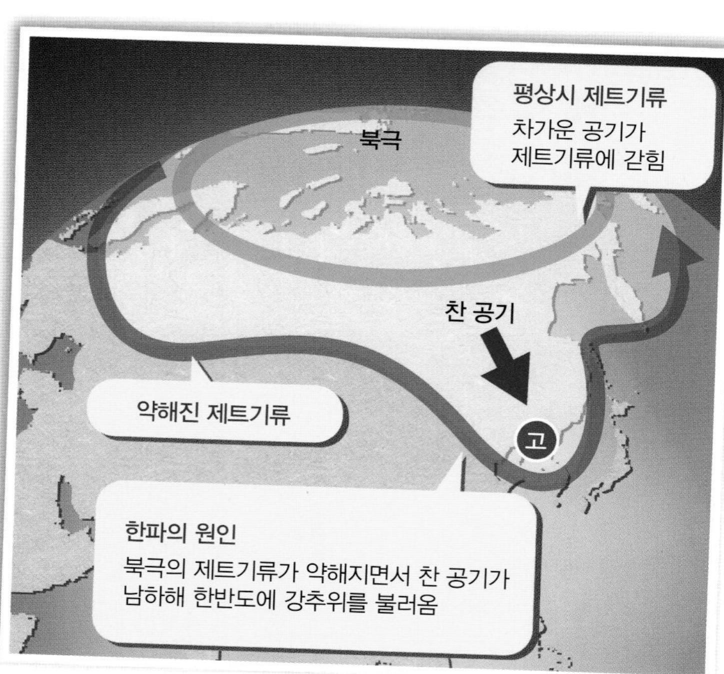

한파의 통보

꼭 기억하자!

구분	내용
한파주의보	★ 10월~4월에 다음 중 하나에 해당하는 경우 • 아침 최저기온이 **전날보다 10 ℃ 이상 떨어져 3 ℃ 이하**이고, **평년값보다 3 ℃**가 낮을 것으로 예상될 때 • 아침 최저기온으로 **영하 12 ℃ 이하가 2일 이상 지속될 것으로 예상**될 때 • 급격한 저온현상으로 중대한 피해가 예상될 때
한파경보	★ 10월~4월에 다음 중 하나에 해당하는 경우 • 아침 최저기온이 **전날보다 15 ℃ 이상 떨어져 3 ℃ 이하**이고, **평년값보다 3 ℃**가 낮을 것으로 예상될 때 • 아침 최저기온으로 **영하 15 ℃ 이하가 2일 이상 지속될 것으로 예상**될 때 • 급격한 저온현상으로 광범위한 지역에서 중대한 피해가 예상될 때

한파 대비

❶ TV, 라디오, 인터넷을 통해 한파 정보를 알아둔다.

❷ 동파를 방지하기 위해 보일러나 수도계량기를 보온 조치한다.

❸ 온열기나 전기장판 등을 미리 준비해 비상시에 대비한다.

❹ 한파 관련기관의 연락처를 미리 알아두고 잘 보이는 장소에 둔다.

참고 자료

문헌

송창영, 〈재난안전 A to Z〉(기문당, 2014)
서울특별시〈우리 아이를 위한 생활 속 환경호르몬 예방 관리〉(2015년)
서울특별시 도시안전실 도시안전과〈생활안전길라잡이〉(2012)

관련 홈페이지

행정안전부(http://www.mois.go.kr)
한국소비자원(http://www.kca.go.kr)
한국소비자원 어린이 안전넷(https://www.isafe.go.kr)
국가법령정보센터(http://www.law.go.kr)
한수원 공식 블로그(https://blog.naver.com/i_love_khnp)
질병관리본부 국가건강정보포털(http://health.cdc.go.kr)
키즈현대(http://kids.hyundai.com)
식품의약품안전처(https://www.mfds.go.kr)
보건복지부(http://www.mohw.go.kr)
대한의학회(http://kams.or.kr)
미국 CPSC(소비자 제품 안전 위원회)(http://www.cpsc.gov)
통계청(http://kostat.go.kr)
중앙치매센터(https://www.nid.or.kr)
소방청 국가화재정보센터(http://www.nfds.go.kr)
한국전기안전공사(http://www.kesco.or.kr)
한국가스안전공사(https://www.kgs.or.kr)
산림청(http://www.forest.go.kr)
국제 암 연구기관(https://www.iarc.fr)
도로교통공단(https://www.koroad.or.kr/)
경찰청(http://www.police.go.kr)
서울교통공사(http://www.seoulmetro.co.kr)
국토교통부(http://www.molit.go.kr)
서울특별시(http://www.seoul.go.kr)
mecar(https://mecar.or.kr)
교육부(http://www.moe.go.kr)
과학기술정보통신부(https://www.msit.go.kr)
스마트쉼센터(http://iapc.or.kr)
해양환경공단(https://www.koem.or.kr)
문화체육관광부(http://www.mcst.go.kr)
스포츠안전재단(http://sportsafety.or.kr)